サステナブル・ファッション

JN098219

ありうるかもしれない未来

水野大二郎＋Synflux 編著

学芸出版社

生分解・再生するファッションデザイン
——バイオマテリアルとサステナビリティ

〈未来の下着〉菌糸レザーを3Dプリントされたワイヤー上に培養し、体形に合致するかつ生分解可能な下着が制作された。
Wacoal x Kyoto Design Lab によるプロジェクト

(p.78、© 京都工芸繊維大学 KYOTO Design Lab / 撮影：米山智輝)

最適化するファッションデザイン
── コンピュテーショナル・デザインとサステナビリティ

アンスパン（Unspan）が提供するジーンズのEコマースプラットフォーム。
身体のスキャンデータを送信すると、できるだけ低いエネルギーコストで
つくられた自分にあったデニムパンツを購入することができる

(p.110, 出典：アンスパンウェブサイト)

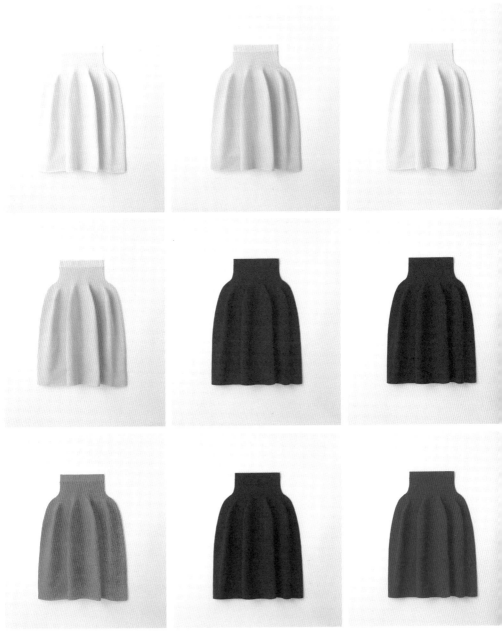

ホールガーメント技術を用いてつくられたCFCLのニット製品。ホールガーメントは一着がそのまま編み機から立体的に編み立てられるため、部材や原料の廃棄を限りなく最小化することができる

(p.112、提供：CFCL)

脱物質化するファッションデザイン
──バーチャリアリティとサステナビリティ

デジタルコレクションを取り扱うドレスエックス（DRESSX）のデジタルウェア
製品。ユーザはウェブストア及び iOS 対応のアプリで製品を購入し、画像
やビデオ上でデジタル衣服及びデジタルファッションアイテムを着用できる

（p.155, 提供：The DRESSX）

東京を拠点とするファッションブランドクロマ（chloma）による、アバター
のための衣服。「VRoid WEAR x chloma」プロジェクトでは、購入者が
実際の製品「Y2Kアノラック」ジャケットを予約すると、同様のデザインが施
されたVRoidモデル用のデジタルウェアが特典としてついてくる (p.157、提
供：クロマ)

循環化するファッションデザイン

──新品であること以外の価値を生み出せるか？

JEPLANによる「BRING」プログラム。リサイクルポリエステル繊維
「BRING Material」を使用したパーカーやTシャツを購入すると、衣服
回収用封筒が同封される。顧客はこの封筒に入るサイズの着古した服を
封入し、工場に送ることで、回収プログラムへ参加できる（p.196）

トレーサビリティを100％担保した古繊維からつくられた高品質リサイクル
糸。この製品を開発したweturnは、高級メゾンとも提携し永続的な繊維
製品の再資源化を目指している (p.204、提供：weturn)

バイオテクノロジーを駆使する職人が
ファッションデザインを担う未来

バイオテクノロジーが普及した近未来の日本。そこでは多様な生物との共生を目的とした生産活動が行われ、生産・消費・回収活動に携わる専門の職能が生まれている。多種との共生・循環をデザインする職人、"マルチスピーシーズファッションデザイナー"は衣服と素材の輪廻転生をどのように設計するのだろうか（p.50）。

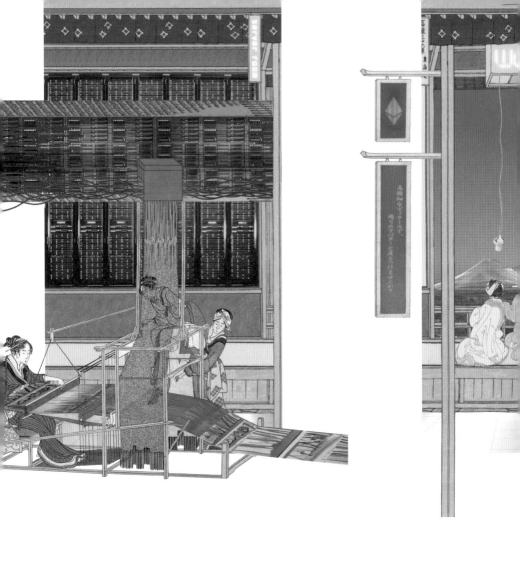

ありうるかもしれない未来シナリオ 02

ファッション消費の場が
物理空間から仮想空間へ移行した未来

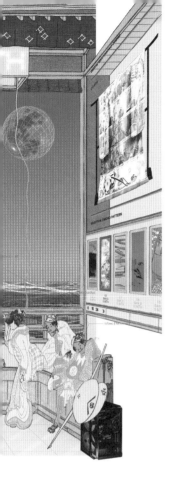
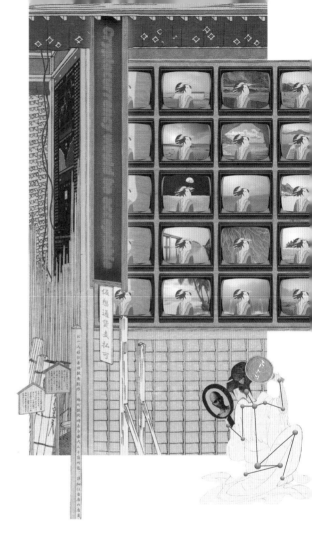

バーチャルファッションが普及した世界。物理空間においては超高機能性が、仮想空間では複数の人格（アバター）を持ちながら複雑で高精細、物理空間では到底実現不可能な情報量を持つ衣服が追い求められる。流行と生産・消費が過剰に栄華するメタバースファッションライフとは？（p.120）

ありうるかもしれない未来シナリオ 03

生活廃棄物が価値を持ち、家庭ごみや食料
残渣、排泄物までもが衣服の素材や部品と
して重要な通貨となった未来

排泄物や家庭ごみが巡り巡って衣服となって戻ってくる行政サービスが普及した
都市。回収された食糧残渣は市街地の外縁にある処理施設に送られる。そこで
は虫がゴミを食べ、魚が虫を食べ、魚の皮がレザー商品となる、究極のハイパー
サーキュラーサービスを支えるエコシステムが設計されていた...（p.162）。

はじめに

　過去稀に見る短かな梅雨が終わった2022年6月、日本の一部では気温が40度に達した。同月には以前の豪雨による災害の教訓として線状降水帯の発生予測を気象庁が始めたりと、いままで当たり前だった暮らし方は終わりにきていると感じざるをえない。

　ここで問われるべきは、いままで当たり前だった暮らし方を支えるデザインのあり方だ。「春夏秋冬などのシーズンに基づくデザインのことかな？」と思われるかもしれない。だが、ファッションがシーズンレスになることはもはや小さな問題で、もっとデザインそのものの前提を問うような非常に重大な問題である。

　デザインの前提とは「よりよい状況」を提供することであり、人類の幸福に寄与することだ。これを達成すべく、あらゆるモノは大量生産されてきたともいえる。できる限り多くの人に対して「よりよい状況」を合理的に提供するためのデザイン教育、研究、事業が是とされてきたのも、近代的な暮らし方が人類の幸福に寄与すると多くの人が考えたからだ。だが今日、私たちがよかれと思って開発した、よりよい状況をつくりだすあらゆるデザイン——製品であれ、サービスであれ——は、遠回りに私たちを苦しめているのではないか。私たちがつくりだした持続不可能な世界を、私たちはほぼ無意識に再生産しているのではないか。

　確かに、歴史的にみて私たちの生活は豊かになった。だが現在インターネットであれ路面店であれ、どこにいっても同じようなモノがつくられ、売られ、飽きられ、捨てられている。新たなモノへの欲望が情報化社会において摩耗する中、多くのデザインは市場における差別化を目的として存在している。これは、デザインが本来果たすべき「よりよい状況」の提供ではない。

　これからのデザインには、人類の未来を奪う現在の生産・消費活動を改

め持続可能な未来をつくることが切実に求められるだろう。つまり、「責任を
もって、ありうる未来をデザインすること」だ。その上で、持続可能な未来
に必要なあらゆるモノのデザインをし、その未来に向かって進むための方
策の検討も求められる。これは「現実的に、ありうる未来への移行をデザイ
ンすること」に他ならない。

　そのためには、ありえるかもしれない未来の製品やサービスを考え、実現
する力が必要だ。商習慣や消費者の行動変容など、文化や倫理に接触
するような課題も多数あるだろう。楽ができる消費社会からの移行は、面倒
くさいことばかりだ。だが、逆説的にこの状況は千載一遇のチャンスでもある。

　本書は、上記のようなありうるかもしれない未来のためのサステナブル・
ファッションを実現したいと考える人に向けて書かれた。現在のファッション
産業を取り巻く構造とは異なる話ばかりで、訳がわからないかもしれない。
だが多くの事例が示すように、すでに未来の兆しとなるような活動は至る所
で始まっているのも確かだ。

　本書を通じて、責任をもって持続可能な未来へ移行するためのデザイン
のヒントが少しでも示すことができていたら本望である。

2022年7月
水野大二郎

目次

第3章

最適化するファッションデザイン：
コンピュテーショナル・デザインとサステナビリティ ……………87

第4章

脱物質化するファッションデザイン：
バーチャルリアリティとサステナビリティ ……………119

プロローグ：今、ファッション産業で何が起きつつあるのか

　持続可能なファッション産業のあり方とは何か？

　そして何から始めればよいか？　それは、私たちが目指したい未来像に依存する。本書では複数の「ありうる未来」を示しているが、それは「確実にこうなります」という予想ではない。あなたが考える未来は何か。それを実現するために何をしたいか。今すぐできることと、備えておくことは何で、どう実現すればよいか。

　読者の皆さん自身が判断し、行動に移るために役立ててもらえると嬉しい。

1つの妖怪がヨーロッパにあらわれている
― サステナブル・ファッションの妖怪が

　劇的な変化が、華やかなファッション業界で起きている。2019年、フランスではG7サミットにおいてマクロン大統領と、グッチをはじめ有名ブランドを擁するファッション・コングロマリット、ケリングなどによって「ファッション協定」が発表された。ファッション産業が2050年までに温室効果ガス排出量ゼロなどを達成するためのアクションプランだ。これを機に、持続可能なファッションデザインを掲げる「サステナブル・ファッション」が広く一般に知られることになった。現在まで各国政府、国連、環境保護団体などは雑誌やテレビ番組、ウェブサイトやソーシャルメディアなどあらゆる角度から、産業構造の包括的な変化を求める声明をメディアに出し続けている。

　日本でもサステナブル・ファッションに関する取組みは加速している。環境省が特設ウェブサイト[注1]を2020年に立ち上げ、翌年には経済産業省が「繊維産業のサステナビリティに関する検討会」や、水野が座長を務めた「これからのファッションを考える研究会−ファッション未来研究会」[注2]を開催した。同年には伊藤忠商事、ゴールドウイン、JEPLANが共同代表を務めるジャパンサステナブル・ファッションアライアンスも設立され、パブリッ

クパートナーとして経済産業省、環境省、消費者庁が参加している。また、繊研新聞[注3]やWWD JAPAN[注4]などの業界メディアはサイト上に「サステナビリティ」のメニューを設け、環境配慮型の製品やサービス開発に関する記事を閲覧可能にするなど、サステナブル・ファッションが特集記事ではなく定番化しつつあることが伺える。

　そんな中、日本のファッション企業各社も様々な動きを見せている。

　例えば環境省「グリーン・バリューチェーンプラットフォーム」が紹介する温室効果ガス排出削減量の見える化に関する取り組みにおいては、ユナイテッドアローズが紹介されている。同社は温室効果ガス排出量の算出と目標値の設定を経てSBT（サイエンス・ベースド・ターゲット、2015年に国際機関が共同で設定した温室効果ガス排出量の削減に関する目標）イニシアチブへの申請を目指している。他にも温室効果ガス削減や化学物質の管理、責任ある原料調達などを行い、その情報を公開する企業の動きが2020年以後、顕著となっている。

　このような動向の背景には、周知のようにこれまでファッション産業が環境と人間に大きな負荷をかけてきた問題がある。経済産業省「これからのファッションを考える研究会－ファッションの未来の関する報告書」（2022年）によれば、アパレル産業における温室効果ガス排出量は2015-30年の間で60％以上増加すると予測されていることをはじめ、土壌・水質汚染、水資源使用・廃棄、人権侵害、動物愛護などの観点からも産業を取り巻く課題が指摘されている表1。また、国内の温室効果ガス排出量のうち約8％がファッション産業に起因していること図1、そして家庭から排出される70％以上の衣服が焼却処理されており図2、1年間に約82万tの衣服が新規に供給されている一方で、約51万tが廃棄され図3、リセールやリサイクルが進んでいないことなども課題として示されている。

　その一方、国内アパレルの市場規模は1991年の14.7兆円から、2019年までに10.4兆円へと減少しており、主な衣料品の購入数量も1990年代

サステナビリティ関連問題点		概　要
GHG排出による 地球温暖化		● アパレル産業におけるCO$_2$排出量は、2015-30年で60%以上増加し、20億8千万トンになると予測 ● 2.3億台の乗用車から排出される年間CO$_2$量に匹敵
環境破壊	土壌汚染	● 綿花栽培の土地において、全世界で使用される殺虫剤の16%、除草剤の7%を使用 ● 一方、綿花栽培の農地は世界の3%程度
	水質汚染	● 淡水汚染の20%は染色工程での化学物質使用が原因 ● 海へ流出しているマイクロプラスチック約1,300万トンのうち、6割は化繊衣料を洗濯する際に発生
資源の無駄遣い	水資源の大量使用	● Tシャツ1枚の生産に必要な水は2,720L。5人分の1年間の必要飲料水量に相当 ● 全生産プロセスで使用する水は215兆Lにも及ぶ
	廃棄	● 年間9,200万トンの繊維が廃棄され、2030年にはさらに5,700万トン増加すると予測 ● 日本における衣類の3R（リユース、リサイクル、リペア）率は約26%と、アルミ缶（約8割）に比して低い
人権侵害		● SC上における強制労働・違法条件での労働が横行 　例）新疆綿綿製造に係るウイグル族強制労働問題
動物愛護		● コートへの毛皮使用が、動物虐待にあたるという考え ● 一方、フェイクファーは生分解されない点が問題

表1　Industry Outlook ファッションビジネスを取り巻く課題

出典：これからのファッションを考える研究会（2022）『ファッションの未来に関する報告書』経済産業省、pp.27-28、原出典：GFA、SFA、GLASA、WWF、uantis、WORLD APPAREL FIBER CONSUMPTION SURVEY, United Nations を参考に Roland Berger 作成

　以降、減少しつづけている。にも関わらず1990年に約20億点だった国内供給点数は、2019年に約40億点へと倍増している図4。つまり、ファストファッションがそのビジネスモデルを再考する時期にきたのは、いうまでもないだろう。有り余る衣服に困惑する消費者も少なくない。

　そこで、従来のつくり方の革新のみならず、少なくつくっても、あるいはつくらなくても、儲かる仕組みが必要になったのだが、このような動向を示しているのはリセール市場であろう。ファッション購買におけるリセールの割合はすでに全体の4.7%に達しており、更なる成長が見込まれる図5。メルカリの

人・環境・生物への侵害
● 地球温暖化の更なる促進 ● 地球温暖化に起因する諸変化 　−海面上昇、気候変動 　−災害リスク増大　等
● 土壌汚染による作物の不作 ● 農薬の影響による、農家の吐き気やガン等の健康被害
● 川や海の汚染による、飲み水の減少 ● 流出した繊維は有害化学物質と吸着、100万倍に濃縮され、魚の体内から人体へ流入
● 清潔な水の大量使用による、飲み水の枯渇
● 焼却によるCO_2の発生 ● 埋め立てによる土壌汚染
● 移動や信仰の自由の侵害 ● 文化的資源の継承の侵害（言語・宗教など）
● 動物への虐待 ● フェイクファーによるマイクロプラスチック発生

　調査においては、若年層ほど中古品に対する抵抗感がなく、リセールバリューを意識した購買行動が増えているとされる。また、ケリングが中古品販売サイト「ヴェスティエール コレクティブ」に出資するなど、ブランドの価値を引き継ぐという意味でグローバルラグジュアリーブランドにもポジティブにリセール市場が広がっていることが伺える。

　もはや、サステナブル・ファッションは単なる流行ではなくなりつつある。持続可能な未来のためにファッション産業や消費者には変革が迫られており、極端に言えば「消費を煽るために生み出された、安価だが低品質で、

国内に供給される
衣類からのCO₂は
日本全体の排出量の
約**8**%相当

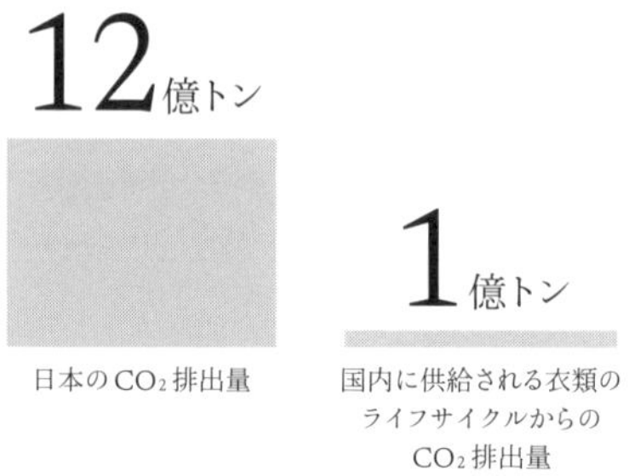

12億トン

日本のCO₂排出量

1億トン

国内に供給される衣類の
ライフサイクルからの
CO₂排出量

<u>図1</u>　国内のCO₂排出量における、国内に供給される衣類からの排出割合

出典：これからのファッションを考える研究会（2022）「ファッションの未来に関する報告書」経済産業省商務・サービスグループファッション政策室クールジャパン政策課、p.29、原出典：IEA、環境省「令和2年度ファッションと環境に関する調査業務」を参考にRoland Berger作成

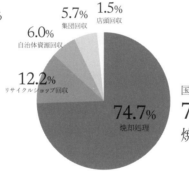

家庭から排出される
衣服の処理別割合

1.5%
店頭回収

5.7%
集団回収

6.0%
自治体資源回収

12.2%
リサイクルショップ回収

74.7%
焼却処理

国内に供給される
7割以上が
焼却処理される

<u>図 2</u>　家庭から排出される衣服の処理別割合

出典：これからのファッションを考える研究会（2022）「ファッションの未来に関する報告書」経済産業省商務・サービスグループファッション政策室クールジャパン政策課、p.31-32、原出典：日本繊維機械学会・繊維リサイクル技術研究会・回収分別分科会編「循環型社会と繊維」を参考にRoland Berger 作成

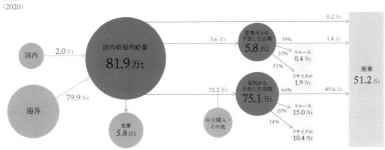

衣服のマテリアルフロー
（2020）

国内　2.0万t
海外　79.9万t

国内新規供給量
81.9万t

在庫
5.8万t

中古購入・
その他

72.2万t

3.6万t

事業所から
手放した衣類
5.8万t

家庭から
手放した衣類
75.1万t

39%　1.4万t
10%　リユース 0.4万t
51%　リサイクル 1.9万t

0.2万t

66%　49.6万t
20%　リユース 15.0万t
14%　リサイクル 10.4万t

廃棄
51.2万t

図 3　衣服のマテリアルフロー（2020）

出典：これからのファッションを考える研究会（2022）「ファッションの未来に関する報告書」経済産業省商務・サービスグループファッション政策室クールジャパン政策課、pp.31-32、原出典：環境省「令和 2 年度ファッションと環境に関する調査業務」

国内アパレルの供給数量［億点］

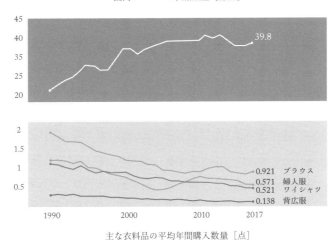

39.8

0.921　ブラウス
0.571　婦人服
0.521　ワイシャツ
0.138　背広服

1990　2000　2010　2017

主な衣料品の平均年間購入数量［点］

図 4　国内アパレルの供給数量と主な衣料品の平均年間購入数量

出典：これからのファッションを考える研究会（2022）「ファッションの未来に関する報告書」経済産業省商務・サービスグループファッション政策室クールジャパン政策課、p.34、原出典：経済産業省製造産業局生活製品課「繊維産業のサステナビリティに関する検討会　報告書」

リユース市場率※

2.5%　3.0%　3.4%　3.9%　4.7%

日本のリセール市場規模

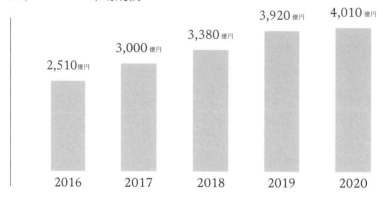

2,510億円　3,000億円　3,380億円　3,920億円　4,010億円

2016　2017　2018　2019　2020

※新品市場を含むファッション全体の市場規模におけるリユース市場の割合

図5　新品市場とリセール市場。リユースとは再利用に関する市場（修理業等を含む）を指し、リセールとは二次流通に関する市場（フリマアプリ等を含む）を指す。

出典：これからのファッションを考える研究会（2022）「ファッションの未来に関する報告書」経済産業省商務・サービスグループファッション政策室クールジャパン政策課、p.50、原出典：リサイクル通信 衣服・服飾市場、矢野経済研究所ファッションリユース市場（宝石・貴金属・時計など含む）のデータを参考に Roland Berger 作成

陳腐化しやすく製品寿命が短いデザインを売って、買って、使ったら捨てる持続不可能な流れをやめよう」という話だ。白黒つけないカフェオレ型の企業理念や、場当たり的なビジネス戦略、矛盾を抱えたデザインや素材の開発を続けていては、やがて欧米企業の開発や国際的な規制に太刀打ちできなくなるだろう。

　政府が動き、投資家が調べ、技術開発が進み、ビジネスモデルが変革され、ソーシャルメディアを介して活動家が声をあげている。企業側も、従来とは劇的に異なる視点で製品やサービス、システムを試作品、限定品、量産品問わず次々と市場に発表し、改善を続けている表2。

表2　多元化し交錯するサステナブル・ファッション。製品のこれまでとこれからの例

	これまで	これから
一点モノ・フィジカル	オートクチュール、注文服、限定生産品	文化を価値とした地産品、マスカスタマイゼーション生産、コンピュータ・アルゴリズムを前提とした身体への**最適化、非均質化、在庫レス化**
大量生産・フィジカル	ファストファッション、既製服	回収とリサイクルによる物質循環、サブスクリプションなどによる使用権の購入、高生分解性能素材の利活用、**循環化とサービス化**
一点モノ・デジタル	法律、コピーライトによる知財保護戦略	NFT、ブロックチェーン技術による知財活用戦略、**資産化**
大量生産・デジタル	オープンソース化を前提としたプラットフォームにおいてコードや3Dデータとして流通	UNITYやUnreal Engineなど、ゲーム開発環境プラットフォームにおけるアセットとして流通、**脱物質化**

表3　現在探索されている15のサーキュラー・ファッションデザイン戦略

1　廃棄や汚染をなくす	A. 物質（アトム）ではなく、情報（ビット）を着る
	B. 売れるものをつくる
	C. 安全で、リサイクルされ、再生可能な材料を使用する
	D. 製造時の廃棄をゼロにする
2　製品や材料を循環させる	E. 長寿命化製品をつくる
	F. 人々と衣服をつなぎ直す
	G. 回収し修理する
	H. 耐久性向上のためにデータを利活用する
	I. オンラインワードローブをつくる
	J. 他の人へ製品を譲る
	K. リメイク、リスタイリングをする
	L. 持っているものでやりくりする
	M. 再製造が可能になるように製造する
	N. 情報提供を行う
3　自然を再生する	O. リジェネラティブかつリニューアブルにする（再生可能かつ更新可能にする）

出典：『Circular Design for Fashion（ファッションのためのサーキュラー・デザイン）』（2021）p.110 を筆者翻訳

サステナブル・ファッションとしての製品は、現在のところまだ一部の「意識高い系」消費者のためのデザインかもしれない。あるいは、依然として消費社会を持続させるデザインと思われるかもしれない。だが、誰しもがほぼ無意識的にサステナブル・ファッションを実践せざるをえないのは、もはや時間の問題なのだ。サステナブル・ファッションの実現には漸進的な「部分的改善」だけではなく急進的で従来と比較しづらい「包括的移行」も必要だ。環境に配慮した素材を使用したから大量生産してよい、使い捨てしてよいとはならない、そんな日が来る。

　その時、あなたはどうしたいか。なにができていたらうれしいか。

　本書の目的は、あなたの持続可能な活動を支援することにある。

未来のファッションデザインは、どうなりうるか

　サステナブル・ファッションへの取り組みが加速すると、製品レベルから社会レベルまで幅広い領域を対象に、これまでの価値判断基準では捉えづらいビジネスやデザインの可能性を探索、実践することになりそうだ。例えば、エレン・マッカーサー財団『Circular Design for Fashion（ファッションのためのサーキュラー・デザイン）』（2021）では、表3のように2021年における15の戦略がまとめられているが、これらの戦略は今後どう具体的に進展しえるのだろう。以下に筆者が考える3点を挙げてみた。

ありうる未来1：バイオマテリアルの開発と、繊維リサイクルの普及

　1960年代、宇宙開発が盛んだった時期にピエール・カルダンなどのファッションデザイナーは「スペースエイジ・ファッション」と称される近未来のデザインを提案した。そこで多用されたのがプラスチック素材である。ウールやコットンとは異なる未来的で魅力的なものとして、合成繊維が扱われたのだ。その後、多くの繊維メーカーが様々な素材を開発し、スポーツウェアやアウトドアファッションなどに応用した。しかしこれら高い機能性

（保温機能や透湿機能など）を兼ね揃えた素材や製品の多くは、化学的重合反応によって人工的に作製され、CO_2排出、エネルギー、廃棄などの環境問題と衝突してきた。

この課題に対して、2022年現在、注目したいのがバイオマテリアルである。例えばキノコ菌糸体を用いた代替レザーの開発、さらには遺伝子組み換え技術を応用して微生物が作製するタンパク質を繊維化するなど、環境負荷の低減を前提とした材料や製品が発表されてきた。

キノコ由来の代替レザー「Mylo」（マイロ、p.81）を用いた製品には、アディダスの「スタンスミス・マイロ」スニーカーがある。同様に、エルメスは代替レザー「シルヴァニア」（p.82）を用いて、バッグ「ヴィクトリア」を開発している。これらは大量生産や、安価に製造できる段階に至ってはいないが、合成繊維や天然皮革と比較すると相対的に環境負荷が低いと考えられている。

一方で、プラスチックやポリエステルの故繊維再利用を前提とした循環は、すでに実装に至っている。例えば、「Move to Zero」と称し廃棄物の削減を目指すナイキは、自社工場内の廃材を再利用したスニーカー「ナイキCrater」注5をはじめ、リサイクル繊維などを用いた様々なデザインを発表している。

このような動向が加速していくと、究極的には「**キノコレザーの垂直農業**」のように、ファッション産業が農業も担うことになるかもしれない。

また「**産業廃棄物処理場直販・リサイクルサービス**」など、素材の（再）生産拠点は消費の場と近ければ近いほど環境負荷は低減される。

そのため、生産、消費、廃棄、再資源化工程の一元化をめざして、第1次、第2次、第3次産業の関係性も大きくかわるかもしれない。

ありうる未来2：コンピュテーショナル・デザイン
― アルゴリズムによる消費量と生産量の最適化

　ファッションデザインにおいて、型紙のデザインには、大量生産を実現するための類型化（工業用パターンとグレーディング）、新しく斬新なデザインを実現するための個別化（オートクチュールのデザイナーによるパターン）、または個人的なものづくりを支援するための簡素化（囲み製図）などが伝統的にある。このような技法は、3次元の身体形状を2次元平面に変換、最適化し、裁断、縫製するためにあった。

　だが現在は、身体の3Dスキャン技術によって「サーフェスデータとしての型紙」が生まれ、「デジタル加工機械によって出力」することが可能になっている。このデータを利活用することで、従来のファッション産業にはなかった新たな流行が起こるかもしれない。

　例えば、スキャンされアバターとなった身体を元に型紙を生成し、素材物性をシミュレートしたデザインサンプルをアバターに着せて確認することが可能なソフトウェアが複数開発されている。そして2次元、3次元問わず生成された様々なデータは、デジタル空間だけではなく、レーザーカッター、ファブリックプリンタ、3Dプリンタ、デジタルニットマシン、自動縫いミシンなどの機材に活用されフィジカル空間上に具現化される。「3次元のデータは3次元のまま使用する」ことだけではなく、「3次元のデータをコンピュータが解釈して2次元のデータに転換する」、または「2次元のデータから推定した3次元のデータをコンピュータが提案する」ことが、高い精度で可能となりつつある。

　ユニクロの「UT me！」[注6]が、分かりやすいオンデマンドのTシャツプリント生産を実現したサービス事例だろう。このようなマス・カスタマイゼーションサービス（個別固有のニーズに対応する製品やサービスを、大量生産技術を前提に展開すること）が発展すると、消費者自身がより複雑な3次元のデジタルデータをつくり、その形状に最適化した衣服を生産するためのアプリやコン

ピュータ・アルゴリズムが必要になる。例えばアンスパン[注7]（p.110）は、自社専用のスマートフォン3Dスキャンアプリと連動した、個別最適化したデニム作成のアルゴリズムを実装している。

このような動向の先には、**無縫製で編んだり、裁断ゴミをゼロに近づけて服をつくるための型紙作成アルゴリズムが生まれるだろう。また、消費者がつくり出す無数のデザインデータとの融合も生まれるかもしれない。すると既存のファッションメディアが生み出す流行をほぼ無視した、「工場と、アルゴリズムと、消費者の相互作用からなる流行」が生まれるだろう。小売、在庫、流通といった考え方も大きく変わる。情報と物質の間をいつ、どこで、だれが、どのように取りもつかが主要なビジネスの要件となるかもしれない**表4。

以上から、ファッションデザインは「微生物を培養し、コンピュータ・アルゴリズムと共に消費や生産、流行の概念を変えつつ、持続可能な未来をつくることになる」のではないか？　と思索することができる。

ありうる未来3：バーチャル・ファッションと脱物質化の普及
―VRやNFT

これまでのファッションデザインにおいてユーザは、服を購入、着用し、自らの身体像を鏡や写真、ソーシャルメディア上で見つめたり、他者に見られたりする中で自分の身体を意味づけてきた。理想的な身体像をつくり出す行為においては、化粧や髪型、香水なども含め、物理的に存在する身体をどう加工し、装うかが重要だ。こうして物理的な装いは「自分らしさ」を確かめ、社会階層を表象したりする重要なメディアであった。

一方、近年では現実に限りなく近いデザインが可能になりつつあり、同時にインターネットの回線速度やコンピュータの処理速度の向上により、ライブAR, VR, MR, XR（Augumented Reality、Virtual Reality、Mixed Reality、Extended Reality）など、仮想と現実を分け隔てなく、あるいは使い分けて「装う」ことが可能となっている。

表4　ありうるサステナブル・ファッションに関する検討項目の例

デザインの階層／検討項目	材料・製品のデザイン	サービスのデザイン	社会革新のためのデザイン	持続可能な未来への移行のためのデザイン
漸進的変化	長寿命化や分解性能の向上	故繊維の回収、リサイクル事業の収益化	発展途上国や孫請け業者など外部化されてきた利害関係者の包摂	再生可能エネルギーの導入
	認証を受けた原料や素材の使用、繊維リサイクルとリサイクル材料の使用量増	製品の修理や維持管理	特定の地域にある資源に根ざした循環型社会の実現	セールの廃止、在庫量最適化
	地域固有の文化的資産を活用した、超高付加価値の少量生産品	2次流通市場における再利用の促進	繊維産地の持続のための低環境負荷化、透明化	—
急進的変化	微生物や菌類由来素材100%の製品開発	全製品の完全な回収と循環の実現	消費者の行動変容に基づく新たな循環型ビジネスモデルの構築	脱物質消費社会
	脱物質化としてのバーチャルファッション	コンピュータ・アルゴリズムによる物質循環全体の最適化とトレーサビリティの担保	社会経済活動のバーチャルプラットフォームへの移行、脱物質化	物質と情報が融合した新たな人工物のデザイン
	—		風土に根ざしたバイオマスを利活用したバイオ素材開発	完全にループが閉じた物質循環系の構築

デザインの階層／検討項目	材料・製品のデザイン	サービスのデザイン	社会革新のためのデザイン	持続可能な未来への移行のためのデザイン
未来予見として今から検討した方がよい項目	バイオマテリアルによる循環系構築（培養から土壌分解まで）	サービスエコシステムのための共創環境の構築：オープンイノベーション戦略（例：自治体や産廃処理業者、リサイクル業者、キノコ農家、オンラインゲームとの連携）	気候変動などに伴う消費者行動の変化	国際的な規制、国内での法律や条例（例：拡大生産者責任を見越した活動の検討）
	ライフサイクル評価など、環境評価に関する算出方法	脱物質化のためのバーチャルサービス・プラットフォーム	AR、VR、MR、XRなどの技術の社会的受容	ライフサイクル思考＋アート思考の人材確保
	デジタルとフィジカルを融合するデザインと収益の多元化	—		
求められる人材、能力	農業工学や合成生物学的知見に基づく素材開発	ライフサイクル評価や、物質消費の最適化のためのアルゴリズム開発	持続可能なビジネスモデル開発能力	環境やエネルギーなど巨視的視点から事業を考えるシステム思考
	ヴァーチャル技術の理解に基づく身体、繊維、衣服、空間のデザイン開発	ライフサイクル思考に基づくサービス開発	エスノグラフィなどを通した情報環境での人間生活の理解	異なる世界観を示すSF的想像力、パーパス定義能力
	—		オンラインゲームデザインの開発、DX人材育成	—

この状況は、サステナブル・ファッションの観点からすると「脱物質化」[注8]として位置づけられる。現実の身体がアバターに代替され、オンライン環境上（様々なソーシャルVRプラットフォーム）のサービスを介して他者と出会うことは、コロナウィルス渦においてすでに広く普及した。また、フォートナイトのようなオンラインゲームで、アバターの「スキン」（アバターの身体や衣服などの全体的な装い）のデザインを、新しく出る度に購入することが当たり前の世代もすでに存在する。例えばグッチは2021年、「Gucci Virtual 25」というVR用のスニーカーを公式アプリ内のスニーカー・ガレージ（Sneaker Garage）[注9]にて発表しており、Google Play版なら1320円、Apple iOS版なら1480円と安価に販売されている。

このような動向が加速すると、**ナイキが買収したデジタル・ファッションを推進するベンチャー企業・アーテファクト**[注10]**のように「非代替性トークン（NFT）」を前提とした1点モノや限定生産されたデジタルスニーカーの販売につながる。やがてグローバルCtoC取引プラットフォームで新たな消費モデルがつくられるかもしれない。さらに踏み込んでみると、NFT取引市場、ゲーム開発環境のアセットストア、さらにオンデマンド出力サービスなど、仮想と現実、アバターとリアルな身体のあいだに「複数のエコノミー」が生まれるかもしれない。**

本書の目的と構成

微生物の培養やコンピュータ・アルゴリズムを活用し、消費や生産、流行の概念を変えながら、持続可能なファッションをどう実現するか。これらの領域がこれまでどのように発展し、現在実践され、これからどうなりうるのか。その理論と手法、実践例を通して、劇的な変化の中にあるファッション産業と、そこに携わる読者の活動を支援することが本書の目標である。

そこで今起きている劇的な変化を「バイオマテリアル」（2章）、「コンピュテーショナル・デザイン」（3章）、「バーチャルファッション」（4

章）、「サービスデザイン」（5章）に分類した。これらの要素に着目する理由は、先述のありうる未来像の基礎となる「第4次産業革命」や「Society5.0」と称されるマス・カスタマイゼーション、シェアリング・エコノミーやアルゴリズムを前提としたデザイン、バーチャル・ファッションへの注目が高まっていることなどが挙げられる。実際、2009年に経済協力開発機構（OECD）が提唱した「バイオエコノミー」（生物資源やバイオテクノロジーを活用し、経済成長の実現を目指す事業）が活性化している。バイオテクノロジーやコンピューテーショナル・デザインがどうファッションデザインと接続し、どのように持続可能なデザインや産業構造を要請するのか。その背景や理論、具体的な手法を述べた資料は少ない。

　以上を前提に、本書では具体的な行動に移すための理論や方法、実践例を各章で以下の構成で紹介する。

・導入：各章のテーマがなぜ今重要なのかを説明し、これからありうるデザインについて述べる。

・過去と理論：バイオマテリアルやコンピューテーショナル・デザインなど、各章で取り上げるテーマがどういう歴史的変遷を経て現在に至ったのか、その理論的背景を概説する。

・方法と実践：具体的なツールや方法を紹介し、どのようにサステナブル・ファッションとして実践すればよいかを解説する。

・事例と人物：すでに実用化されている大企業の変化から、ベンチャー企業の急進的な提案、技術を重視するブランドや創造性を重視するブランドの挑戦まで、ジャンルにこだわらず、新たな動向を示唆する企業や人物を紹介する。

　1章では、サステナブル・ファッションとはそもそも何なのか、類似する概念を整理した上で近年の研究を俯瞰する。

　2章では高い生分解性と低いエネルギー負荷を実現する、キノコレザーに象徴される微生物由来の素材をどう活用して生地を培養するか、その基本手順を紹介する。

一方、3章と4章はデジタル環境の利活用を通して脱物質化を多角的に目指す手段を提示する。3章では3Dモデリングツールを利活用したコンピューテーショナル・デザインをとりあげる。各種ソフトをどのように用いて、どんなファッションデザインをデータ化するか、その基本手順を紹介する。そして4章バーチャル・ファッションではバーチャル環境構築にも応用可能なアバターをつくり出すソフトウェアの利活用について紹介する。

　他方、5章では、製品からサービスへ移行するサステナブル・ファッションについて紹介する。特に、物質循環の実現には製品の使用、回収や廃棄、再資源化に至る静脈の過程をデザインすることが重要である。本書では、「回収サービス」を中心に、具体的にビジネスとして応用できるサービスモデルを紹介する。

　2、4、5章冒頭には、以上の社会・技術的動向をふまえたありうる製品やサービス事例を含む未来シナリオを3編作成し掲載した。2〜5章までで述べられたありうるデザインを前提に、本書が示す「ありうる世界観」を物語として伝えている。また、その世界観を浮世絵などのコラージュを通してヴィジュアルで表現することも試みた。

　最後に、6章およびエピローグではすでに起こりつつある次世代ファッションデザイナーの育成、すなわち教育について紹介する。また6章ではイギリスのファッション教育機関の動向をふまえつつ、デザインの企画立案をするにあたって現在有力視される未来の生活を描き出す方法や理論、関連するデザイン研究の領域について紹介する。そしてエピローグではサステナブル・ファッションの展望や、今すぐ取り組めること・学ぶ方法を紹介する。日本国内においては研究や実践のための資料や手引書は少ないが、国際的に見れば資料は多数存在する上、無償で提供されているものも少なくない。巻末にはなるがオンライン学習環境が十分に整備されていることを紹介し、皆様の実践の手助けとなることを期待する。

［注釈］URLの最終アクセス日は2022年7月12日

注1 環境省大臣官房総合政策課 Sustainable Fashion
https://www. env. go. jp/policy/sustainable_fashion/

注2 経済産業省商務・サービスグループ ファッション政策室 クールジャパン政策課　これからのファッションを考える研究会 〜ファッション未来研究会〜
https://www.meti.go.jp/shingikai/mono_info_service/fashion_future/001.html?fbclid＝IwAR00u-YZ4LRl1q10CZXSOV3AkwyIUcNlL3vwOckooybROxsjzHu7fckflow

注3 繊研新聞社 ファッションとサステナビリティー
https://senken. co. jp/p/fb-sustainability

注4 WWD JAPAN サステナビリティ
https://www. wwdjapan. com/category/sustainability

注5 ナイキ サステナビリティ
https://www. nike. com/jp/sustainability

注6 ユニクロ　UT me！
https://utme. uniqlo. com/

注7 unspun sustainability
https://unspun. io/pages/sustainability

注8 Corvellec, H., & Stal, H. I.（2017）"Evidencing the waste effect of product-service systems" (PSSs) *Journal of cleaner production*, 145, pp.14-24

注9 Google Play Gucci アプリ
https://play. google. com/store/apps/details?id＝com. gucci. gucciapp&hl＝ja&gl＝US

注10 RTFKT
https://rtfkt. com/

第1章

サステナブル・ファッションとは何か

1.1：サステナブル・ファッションを巡る用語の変遷

　まず、サステナブル・ファッションとは一体何なのかを整理しておこう。企業やデザイナーの実践例が注目を浴びる一方、学術研究におけるサステナブル・ファッションの定義や概念化はやや遅れている。直感的には理解できても、ファッション産業における持続可能性が流動的で進化するため、確実な実践方法を特定し辛いからだろう。

　そこで本書では暫定的な定義として、**サステナブル・ファッションを「環境・経済・社会の持続可能性を前提とした、新しい物質と情報が織りなす循環系をつくり出すためのファッションデザインにおける実践、方法、理論」**と捉えたい。

　なお、本書では「労働者の尊厳を守る」などの持続可能性における倫理的課題には踏み込まず、環境負荷の低減を目指すための新たなデザイン手法について特に検討することとする。

　サステナブル・ファッションに類似する概念には「エコ・ファッション」「エシカル・ファッション」「スロー・ファッション」などが挙げられる。これらは重なり合う部分があるものの、厳密には異なる意味合いを持つ。最初に登場したのは1960年代の「エコファッション」で、ファッション産業が環境に与える影響を認識し、その慣行を変えるよう消費者が要求したのがきっかけだ[注1]。

　また、当初は否定的に受け止められたものの、1980年代から90年代にかけて毛皮の使用に対する反対運動が起こる中、1990年代後半には「エシカル・ファッション」への関心が高まった。さらに、2000年代にはファスト・ファッションへの対抗として「スロー・ファッション」が注目を浴び、持続可能性が多角的に問われ、現在用いられる「サステナブル・ファッション」への注目が再度高まったと考えられる表1・1。

表1・1　サステナブル・ファッションの用語について

用語	定義
エコファッション	リサイクル素材、無害な素材、リユース品など、環境に配慮したプロセスで作られたファッションデザイン （参考文献：Carey and Cervellon, 2014）
エシカル・ファッション	生分解性素材やオーガニックコットンを使用することで、環境や労働者に害を与えず、適正な労働条件の元生産され、フェアトレードの原則を取り入れたファッションデザイン （参考文献：Joergens, 2006, p.361）
	デザイナー、消費者の選択、または生産方法が、労働者、消費者、動物、社会、環境にポジティブな影響を及ぼすファッションデザイン （参考文献：Thomas, 2008, p.533）
	スロー・ファッションなどのプロセスを通じて、環境、従業員、動物への悪影響を最小限に抑えるよう努めているファッションデザイン （参考文献：Reimers et al 2016, p.388）
スロー・ファッション	着る人と服の関係、地元の生産と資源、労働者の倫理的な扱いを優先する哲学、デザインアプローチ、消費方法 （参考文献：Clark, 2008; Pookulangara and Shepard, 2013; Tama et al, 2017）
サステナブル・ファッション	製品、行動、関係、使用方法を通じて、生態系の健全性、社会的質、人間の繁栄を実現すること （参考文献：Fletcher, 2008, p. xviii3）

出典：Mukendi, A., Davies, I., Glozer, S., & McDonagh, P. (2020)を元に翻訳、再作成

1.2：サステナブル・ファッションを巡る、経営学・デザイン視点からの提案

　経営学の観点から過去の研究を分析したムケンディらによると[注2]、サステナブル・ファッションは消費者の視点に基づく研究と、ビジネス上の利害関係者に関連する生産者主導の研究、この2つに分けられる。また、従来のビジネスの延長上にある「実用的変化」と、全く新しいビジネスの仕組みに関する「急進的変化」の2つに関する研究にも分けられる。そこで、ムケンディらは4象限でファッションビジネスにおける持続可能性に関する研究の位置付けを整理した。その結果、消費者行動、ソーシャル・マーケティング、サプライチェーン・マネジメント、サステナブル・ビジネスモデルなどに研究事例の多くが分類された。また、実用的変化に関する研究が

表1・2　4つのファッションシステムを構成するネットワーク

ネットワーク名	概要
生産に関するネットワーク	いかにして素材や製品を倫理的に生産するか
プロモーションに関するネットワーク	いかにして生活環境、労働者、ユーザ間に広義のつながりをつくり、持続可能なライフスタイルを促進できるか
着用に関するネットワーク	いかにして過度な消費を低減し、目的に応じた衣類の製品寿命を設定するか
破壊、破棄に関するネットワーク	いかにして物質循環を維持し、尊厳ある仕事を創出しつつ新たな価値創出を(廃棄物等から)実現しえるか

出典：Payne, A. (2020). *Designing Fashion's Future –Present Practice and Tactics for Sustainable Change*, Bloomsbury Visual Arts. p.25 を参照、翻訳

急進的変化に関する研究よりも論文数が多いことなどが明らかとなった。とはいえ、ムケンディらは急進的変化と実用的変化とは補い合う関係性にあると指摘している。

　一方、ファッションデザイン研究からは、従来のファッションシステムを、4つのネットワークに分類して理解することが提案されている[注3]。生産、流通、小売、デザイン、広告、マーケティング、消費などからなるシステムを、「生産」「プロモーション」「着用」「破棄」に関連するネットワークに分類した。市場規模や製品の価値、地域などによって異なるため、明確な境界線は引きにくいが、持続可能性を理解するための基本的な枠組みとしては役立つ表1・2。

1.3：サステナブル・ファッション「製品」デザイン

　以上をふまえると、サステナブル・ファッションデザインにおける「製品」のデザイン要件には、少なくとも以下のことを検討することになると、ペインは指摘する[注4]。

1）環境負荷を低減するためのデザイン

・化学的汚染を低減するためのデザイン

・クリーンで優れた技術を応用するデザイン

・バイオミメテック・デザイン（生物の構造や形態、循環システムを模倣するデザイン）

・ゼロ・ウェイスト・デザイン（製造時に廃棄を出さないようにするデザイン）

・リサイクル資源を用いたデザイン

２）エシカルな生産のためのデザイン

・スロー・デザイン（生産・消費のサイクルを遅くするためのデザイン）

・生産者のスキルと能力に見合った、過度な労働を強いないデザイン

・ソーシャル・イノベーションのためのデザイン（消費や所有、生産や廃棄などの経済活動を含め包括的な社会変革をもたらすためのデザイン）

・トレーサビリティと透明性のためのデザイン

３）サーキュラーデザイン、資源循環

・アップサイクルによるデザイン

・循環のためのデザイン

・生分解性のためのデザイン

４）持続可能な利用のためのデザイン

・製品・サービス・システム（PSS）のためのデザイン（物的消費を低減するためにサービスの代替可能性を検討するデザイン）

・ユーザ参加型デザイン、マスカスタマイゼーション（消費者自らが設計、注文し、在庫を減らしたり愛着がもてる、個人最適化を目指すためのデザイン）

・使用頻度や機会に応じた異なる新陳代謝、速度のためのデザイン

・堅牢度向上のためのデザイン

・多用途化のためのデザイン、モジュール化のためのデザイン

1.4：実践を支援するツール

　これらのデザイン要件は先に紹介したエレン・マッカーサー財団による15の戦略と共鳴するが、はたしてどう実践すればよいのか。実は、サステナブル・ファッションを実現するための支援ツールはインターネット上に多く無償で公開されている。例えば2021年、スニーカーを中心とした持続可能な製品開発を手がけるオールバーズはCO_2排出量の可視化のためのライフサイクル評価ツールを公開したが、このような分析評価ツールばかりではない。コンサルティング企業であるPwCとNPOのファッション・テイクス・アクション（Fashion Takes Action）によるウェブサイト「サステナブル・ファッション・ツールキット（Sustainable Fashion Toolkit）」[注5]にはサイトの名前通り、サステナブル・ファッションの実現を支援するツールが多数掲載されており、無償で閲覧できる（2022年現在）。

　インターネット上に多数あるサステナブル・ファッションの実現を支援するツールから12個を選定し、その効果検証を行ったコズロウスキーらによると[注6]、サステナブル・ファッションの実現には製品、サービス、システム、循環と、複数のスケールに応じたイノベーション戦略が求められるとされる。だが支援ツールは製品レベルのイノベーション戦略を対象としたものが多く、かつ、その戦略は変革よりも現状改善のためのものが多い。また、デザイナーにとってのサステナブル・ファッションは、既存システムへの挑戦でもあり、大局的なビジョンと具体的な製品やサービス間の行き来を支援することも重要であると指摘している。

表1・3　ファッション産業における5つの物語

物語の種類	内容
創造的な物語 Creative Narratives	ファッションデザイナーの創造的行為を「1つの神話的な物語」として捉え、デザインがどう生み出されたのかを伝える
技術的な物語 Technical Narratives	具体的に何をどう考案し、デザインし、製造したのか、製品開発プロセスの技術的側面を伝える
企業の物語 Enterprise Narratives	企業理念が、どのようにサプライチェーンやビジネスモデルなどのデザインプロセスに反映されたのかを伝える
ユーザの物語 Customer Narratives	ユーザ（層）を特定し、その人の背景や願望などをどのように理解してデザインに反映させたかを伝える
システムの物語 System Narratives	企業を内包する広義のシステム（消費社会など）がどう駆動しているかを伝える

出典: Payne, A. (2020). *Designing Fashion's Future –Present Practice and Tactics for Sustainable Change*, Bloomsbury Visual Arts. pp.61-71を参照、著者翻訳

1.5：ファッション産業の新たな価値＝物語とは何か？

　コズロウスキーらの2つ目の分析結果は興味深い。というのも、ビジョンがファッション産業で消費者に伝えられる際、「物語」として以下の5つに分類しえると指摘しているのだ表1・3。

　つまり、わたしたちはどのようなビジョンを掲げるかという問いだけではなく、そのビジョンを伝えるにあたって「感動」（デザイナー主導）、「驚嘆」（技術主導）、「納得」（企業主導）、「共感」（ユーザ主導）、「理解」（システム主導）のうち、どれを重視した価値をつくりあげたいのかも問われている。サステナブル・ファッションがもたらす価値は複雑である。そのため、複数の物語を混合せざるをえないだろう。とすれば、特にビジョンと共に掲げたいのはどの物語か、そしてどう製品やサービスのデザインに反映させたいか、と逆説的に考えることも重要となる。

　サステナブル・ファッションが従来の産業構造からの革新を目指すにしても、環境配慮型の技術開発要件やビジネス要件を充足させること「だけ」では

何かが不足していると感じる人は多い。その「何か」が創造性であるとしたら、他の要因と対立することなくどう多義的な価値を伝えることができるのか。

　従来のファッションデザインは、新たな身体像を生み出すことに価値があった。だがサステナブル・ファッションにおいては、新たなビジョンを身体のみならず未来の社会をも対象にした物語として伝えることが重要になる。

　それはどのように伝えられるのか？　本書でも、ありうる未来のサステナブル・ファッションとして、バイオマテリアル、コンピュテーショナル・デザイン、バーチャル・ファッションを巡る未来像を、物語（シナリオ）として述べてみたい。

［注釈］URLの最終アクセス日は2022年7月12日

注1　Jung, S., and Jin, B. (2014) "A theoretical investigation of slow fashion", *International Journal of Consumer Studies*, 38: pp.510-519

注2　Mukendi, A., Davies, I., Glozer, S., and McDonagh, P. (2020) "Sustainable fashion: current and future research directions", *European Journal of Marketing*, 54(11), pp.2873-2909

注3　Payne, A. (2020) *Designing Fashion's Future - Present Practice and Tactics for Sustainable Change*, Bloomsbury Visual Arts

注4　Payne, A. (2020) *Designing Fashion's Future - Present Practice and Tactics for Sustainable Change*, Bloomsbury Visual Arts, pp.109-117

注5　Sustainable Fashion Toolkit
　　　https://sustainablefashiontoolkit.com/

注6　Kozlowski, A., Bardecki, M., and Searcy, C. (2019) "Tools for Sustainable Fashion Design: An Analysis of Their Fitness for Purpose", *Sustainability*, 11(13), p.3581

第2章

生分解・再生するファッションデザイン： バイオマテリアルとサステナビリティ

これまで | 繊維素材を開発する企業が、動物を犠牲にした皮革類、石油由来の化学繊維、植物繊維を育てるために土壌汚染を度外視して生地をつくってきた。また、衣服の多くは複合素材繊維で金属類の副資材もついた厄介な廃棄物となっている。

これから | バイオベンチャーが微生物や菌類の力を借り、劇的に環境負荷の低い服飾資材をつくれるようになるかもしれない。農業、食品残渣や遺伝子組み換え技術の応用など、ファッション産業とは縁遠い利害関係者や技術の理解が重要になるかもしれない。

01

バイオテクノロジーを駆使する職人が
ファッションデザインを担う未来

バイオテクノロジーが普及した日本各地では、人間だけではない
多種の共生（マルチスピーシーズ・サステナビリティ）を目的とした
循環のしくみ（クローズドループ）が確立し、生産・消費・回収活動に
携わる専門の職能が生まれている。

場所	日本、中部地方
登場人物	「マルチスピーシーズ・デザイナー（多種の共生・循環デザイナー）」 多種との共生関係をファシリテートしながら生活システムを構築していく職能。集合知的に集まったオープンソースの実験プロトコルを駆使しながら活動している。前近代的な農業手法なども駆使し、地方の人々との協働を促す道具や仕組みもつくる。具体的な仕事は土壌整備、食料廃棄物のリサイクル、皮革用キノコ・バクテリア培養など。
さまざまなマルチスピーシーズ・デザイナーの職能	「培養師」テキスタイルや染料、なめしのための微生物を健康に保ち数をコントロールする。防護服を着てビニールハウスで菌糸体を培養したり、タンク内でバイオセルロースを育てたりしている。 「分解師」回収した衣服を微生物や虫、動物の力を用いて形がなくなるまで分解する。スコップやくわなど土を耕すためのツールを常に携帯している。 「回収師」廃棄衣服の回収を行う。江戸時代の糞尿回収のように、棒の両端についた桶に洋服を乗せて回収に勤しむ。 「切断師」培養や分解のサイクルを一旦切断し、「一時的なエネルギーの淀み」として服の状態に切り取る。バイオテキスタイルを用いるファッションデザイナー。
問い	「マルチスピーシーズ・デザイナー」がファッションデザインを担うようになったら？

　人間の経済活動を中心とすることによって、地球環境からしっぺ返しを喰らい、人間の生存可能性が脅かされるという一元論的転回が露呈して以降、いかに他種の生命と人類との対等な関係を設計しながら生活を発展させられるか、デザイナーたちは試行錯誤してきた。

　そこで、人間に限らず多様な生命の種との対等性を重要とし、利害関係を結びながら生産活動をすることを目的とする「マルチスピーシーズ特別区域」が世界各地でできた近未来。

　マルチスピーシーズ特別区域は、食と衣服のための素材のクローズドループがデザインされたローカルな拠点として機能している。それに、近い拠点同士では食品や衣類などのモノを交換したり、遠い拠点同士ではシステムや製品の設計情報を交換するなど、ネットワークを使って離散的に協力し合う仕組みもデザインされてきた。

　日本の中部地方に制定された特区に、「マルチスピーシーズファッションデザインラボ」がある。ここでは農場とラボがセットになっている。ファッションのための素材の培養や制作、回収して素材を再生産可能なまでに分解する仕組みと、菌類の発酵、養蜂、さらには太陽光発電など、他種の生物と協力・シェアして行う生産活動が同時に同じ場所で行われている。敷地には野菜が育つ畑、養蜂場、養殖池、菌糸培養のためのビニールハウスが設置され、それぞれが受粉、捕食、繁殖、採取などのメリットとデメリットを分け合いつつ共存している。

　また、アクアポニックス（養殖と水耕栽培を両立するしくみ）やソーラーシェアリング（農業生産と発電を両立するしくみ）など、他種との共生のための実験的なランドスケープが広がっている。

　この場所で実験活動をするのは、“回収師”“分解師”“培養師”、そして

"切断師"から成る「マルチスピーシーズ・ファッションデザイナー」たちだ。彼らはそれぞれ、廃棄衣服の回収を行う「回収師」、回収した衣服を微生物や虫、動物の力を用いて形がなくなるまで分解する「分解師」、テキスタイルや染料、なめしのための微生物や植物を健康に保って数をコントロールする「培養師」、培養や分解のサイクルを一旦切断し、素材やあらゆるエネルギーが一時的に服になってもらっている、「淀み」の状態として服の状態に切り取る「切断師」として、衣服と素材の輪廻転生を設計している。

　分解師が金属棒を土の中に深く差し込む。棒の内部に埋め込まれたセンサーが、土中の微生物や成分の量を検知し、ラボのサーバーに送信する。

　サーバーはリアルタイムのセンシングデータから農場の仮想モデルを構築し、農場の状態をシミュレーションする。このデータを用いて培養師は成長を促進する成分を注入したり、植え合わせや回収師が持ち寄った廃棄物の発酵位置を調整して、生態学的最適化状態をつくり出す。計算的協生農法（アルゴリズミック・シネコカルチャー）と呼ばれるこのテクノロジーを使って、どの植物がどの生物と同じ環境にいれば相互に育成できるかアルゴリズミックに解明し、服ができるまで誰が頑張ったか？　どのように対等性が担保されているか？　という利他率を指標化することができる。

　また培養師が育てた菌糸体は、切断師によって菌糸を粉砕してドロドロにされ、極細エクストルーダーで1本編みのようにしてニットとなる。

　彼・彼女らがつくる衣服は、表立っては特に変哲もないように見える。しかし、地域に生きる生物たちがどのように関わってきたかシミュレーションしたり、バイオセルロースのドロドロが細く3Dプリントされたのちに編み構造になって構成されているなど、その背景にはさまざまな動植物、微生物が円環となって衣服が出来上がっているのだ。

2.1：バイオマテリアルとファッションデザインの
これまでとこれから

┃導入：勃興する次世代バイオマテリアル

　衣服は過剰生産され、その結果大量に廃棄されている。にも関わらず、アフリカや東南アジアの人口増加を背景とした需要は年々増加傾向を続け、2015年のマーケットサイズと比較して30年には約60％拡大すると予測されている[注1]。着る人の日常を彩る役目を終え、廃棄される衣類の年間総量は世界で92万tを超え、約80％が再利用されることなく、焼却あるいは埋め立て処分される運命にある[注1]。さらに、石油由来の繊維からつくられた衣服は、洗濯する度に細かな繊維が下水へ、そして海洋流出するという、マイクロプラスチック問題も指摘されている。

　一方、従来の合成繊維から脱却し、よりサステナブルなつくり方を模索する研究活動が活発化している。バイオマテリアルはその中でも特に注目を集めるものの1つだ。ここで言うバイオマテリアルとは、キノコやバクテリアといったこれまで繊維素材に応用されてこなかった新たな生物や、遺伝子組み換え技術などのバイオテクノロジーを応用することで発明された、よりサステナブルな素材、あるいは発明のための一連の実験領域を指す。バイオマテリアルは、合成繊維の製造工程で消費される化石燃料や、排出量が問題化している化学物質や水などを削減することができる。栽培される自然繊維とは異なり研究者によってラボで培養、作製される。すなわち、バイオマテリアルの実験は、従来の大量生産を前提とした素材製造プロセスを改革する実験でもある。

　この10年あまり、生命工学の研究者らによる基礎技術や、彼・彼女らの手法の研究を参照したアーティストやデザイナーらによって、様々な実験が蓄積されてきた。特に2020年代に入り、ラボでの実験は量産可能な素材開発や、製品応用に移行しつつある。今後普及しえるバイオマテリアル

は誰によって、どのように、なぜつくられているのか。ここではまずバイオマテリアルに関連する諸研究や、ベンチャーや素材メーカーによる一連の実践を参照しながら、近年勃興するバイオマテリアルをめぐる状況を明らかにする。

▎理論：バイオマテリアルをめぐる技術革新

　次世代素材としてのバイオマテリアルが注目される背景には、バイオテクノロジーと生物素材科学研究分野において蓄積されてきた多くの技術革新がある。その1つに、精密発酵（Precision fermentation）と呼ばれる技術がある。

　精密発酵とは、微生物を用いて動物性タンパク質を効率的に大量生産可能にする技術である。精密発酵で活用される微生物は、目的に応じた種類のタンパク質を生成するために人工的にカスタマイズされる。例えば、微細藻類やマイコプロテイン（真菌タンパク質）などを他の栄養素と融合し発酵させることで、代替肉にも応用可能な物質の作製が可能となる。ファッション産業でも、ヴィーガンレザー（植物繊維を用いた革の代替品）やスパイダーシルク（蜘蛛糸の構造を模した新素材）を開発する企業によって、原料となるタンパク質やバイオポリマーの培養技術を通した材料開発が進められている。

　また、組織工学研究もバイオマテリアル製造に応用されつつある主要な技術の1つである。組織工学とは、細胞の組み合わせによって、動物の生態組織自体を育成する技術を指す[注2]。例えば、バイオリアクターと呼ばれる細胞の成長を促進する環境下で適切に培養を実施することで、コラーゲンをはじめとする牛革を構成するタンパク質が作製可能である。組織工学は再生医療に関連する領域で発展を遂げた技術だが、代替レザーを開発するベンチャーなどによってファッション産業への応用が検討されている。

　さらに、菌糸生育研究を扱うバイオマテリアルベンチャーも近年増加傾向

にある。菌糸は、キノコなどの菌類の体を構成する糸状構造である。2〜4週間と短期間で育成できるためエネルギー負荷が低く、生分解性を持ち、一定の強度と柔軟性を持つキチン質が多い特性などがメリットと見なされ、近年菌糸の安定した発育方法が研究対象となった。その結果、現在多くのバイオベンチャーが、「キノコレザー」という新たな素材ジャンルを確立しつつある。当初、菌糸体由来の素材開発は発泡スチロールなどの代替素材として認識されていたが、近年では代替皮革としての研究が進んでいる。上述のバイオテクノロジーの研究成果をファッション産業のための素材開発に応用することで、従来動物（特に牛など）にしか生成できないタンパク質を、効率的かつ倫理的方法で製造可能になる。こうした技術革新によって、タンパク質獲得のために屠畜される動物を削減できる上に、動物を飼育するためのエネルギー、土地、飼料、水なども削減でき、自然環境の包括的な負荷削減効果が期待される。

次世代バイオマテリアルとは何か

　バイオマテリアルに関する技術動向について理解したところで、本題に移っていこう。ファッション産業における次世代バイオマテリアルとは何か？

　米国・カルフォルニアに拠点を置く先端素材専門の経営コンサルティングファームであるマテリアル・イノベーション・イニシアチブ（Material Innovation Initiative）の次世代バイオマテリアルの定義によれば、皮革、シルク、ダウン、ファー、ウール、エキゾチックレザーなど、いわゆる動物を活用した従来素材を代替することを目的に開発された素材や技術のことである。

　次世代バイオマテリアルの発明が近年頻出しているのはなぜか？　香港の大手不動産会社、南豊集団が有するイノベーションセンター、ザ・ミルズファブリカ（The Mills Fabrica）の報告書「テックスタイルイノベーションの現状（State of Techstyle Innovations Report）」やマッキンゼーの報

告書「ファッション産業の現状（State of Industry Report）」によれば、いくつかの経済的／産業的ニーズが要因として挙げられている。消費者がますます持続可能で透明性のある製品を求め始めていることによってバイオマテリアルを前提としたサプライチェーンの構築が求められている点がある。環境配慮型の新素材市場は2018年には37億ドルに到達し、2025年まで年間成長率9.2%を保ちつつ成長すると予測される表2・1。

図2・1に示されるように、次世代バイオマテリアルと一口に言っても、バイオテクノロジーや生物素材化学の技術革新が複数応用され、代替の対象となる素材にバリエーションがある。本書では、応用されるテクノロジーの視点からバイオマテリアルを概観し、以下の4種類に次世代バイオマテリアルを分類した：

1）フードウェイスト・ベースド・マテリアル

2）マイセリウム（キノコ菌糸体）・ベースド・マテリアル

3）バクテリア・ベースド・マテリアル

4）バイオテクノロジー・ベースド・マテリアル

次からは、それぞれの分類におけるマテリアルの特性や実例について詳細に見ていきたい。

1）フードウェイスト・ベースド・マテリアル

パイナップルの葉、ぶどう、オレンジの皮、魚の皮…。フードウェイスト・ベースド・マテリアルは、本来なら廃棄されるはずの食品残渣や農業廃棄物をテキスタイルに応用する試みである。国内食料廃棄量は年間2759万tあるとされ[注3]、この有効利用案が求められている。これら材料を分解し、ペースト状に加工可能なものを人工レザー製造などに応用することを目指すのがこの領域である。

フードウェイスト・ベースド・マテリアルが扱う廃棄物には、食品加工過程で排出される副産物なども含まれる。例えば、りんごの搾りかすを応用する「ビヨンド・レザー（Beyond Leather）」、パイナップルの葉っぱを応

表2・1 主要なバイオマテリアルベンチャー

企業名／創業者	素材名	分類	生態模倣の対象
スピノヴァ Juha Salmela	―	フードウェイスト・ ベースド・マテリアル	セルロース繊維
ナチュラルファイバー ウェルディング Luke Haverhals	マイラム Mirum		レザー
セーブザダック Nicolas Bargi	プラムテック Plumtech		ダウン
エコヴェイティヴ・デザイン Gavin McIntyre, Eben Bayer	マイコフレックス／ フォレイジャー MycoFlex Forager	マイセリウム（キノコ 菌糸体）・ベースド・ マテリアル	レザー
マイコワークス Philip Ross, Sophia Wang, Eddie Pavlu	レイシ Reishi		
ボルトスレッズ Dan Widmaier, David Breslauer, Ethan Mirsky	マイロ／ Mylo マイクロシルク／ Microsilk	マイセリウム（キノコ 菌糸体）・ベースド・ マテリアル ／バクテリア・ベースド・ マテリアル	レザー、シルク
アムシルク Thomas Scheibel	バイオスティール Biosteel		シルク
スパイバー Kazuhide Sekiyama, Sugawara Junichi	ブリュード・ プロテイン Brewed Protein	バクテリア・ベースド・ マテリアル	
モダンメドウ Andras Forgacs, Gabor Forgacs, Karoly Jakab, Francoise Marga	ゾア Zoa		レザー
ニューライト Kenton Kimmel, MarkHerrema	エアカーボン AirCarbon		

出典：Material Innovation Initiative, State of the Industry Report: Next-gen materials (June 2021) p.34を参照、著者改変・翻訳

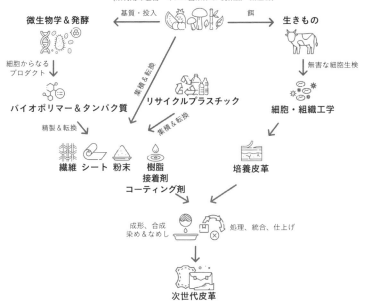

Conceptual landscape of next-gen leather materials

エネルギー源となる生物資源
（未利用の植物・キノコ菌糸体 or 廃棄品・副産物）

基質・投入　　　　餌

微生物学＆発酵　　　　　　　　　　　　**生きもの**

細胞からなる　　　　　　　　　　　　　　無害な細胞生検
プロダクト

集積＆転換

バイオポリマー＆タンパク質　**リサイクルプラスチック**　**細胞・組織工学**

精製＆転換　　　　　集積＆転換

繊維　シート　粉末　**樹脂**　　　　　　　**培養皮革**
　　　　　　　　　接着剤
　　　　　　コーティング剤

成形、合成　　　　　　　処理、統合、仕上げ
染め＆なめし

次世代皮革

図2.1　次世代皮革の製造工程

（出典：Material Innovation InitiativeのState of the Industry Report: Next-gen materialsを筆者訳）

用する「ピニャテックス（Piñatex）」などがある。他にも、オレンジジュースの生産過程で廃棄されるセルロースを化学処理し再利用する「オレンジ・ファイバー（Orange Fiber）」や、植物油を化学処理することでバイオポリマーを生成するバイオベースド・ポリウレタンなど、バイオテクノロジーや繊維科学、素材科学と農業・食品廃棄物の応用技術を融合させ、独自の製造技術を発明する企業も出てきている。

2）マイセリウム（キノコ菌糸体）・ベースド・マテリアル

　キノコ由来の材料や製品開発は今やバイオマテリアル開発における代表格になりつつある。キノコの菌糸体の構造はバイオマス資源として注目を集めるキチン質が豊富であり、保水、自己接着機能、生分解性など多様な

機能が期待されている。屋内で効率的に製造できるのもメリットである。菌糸体は成長が早い上に培養に必要な面積を他原料よりも効率的に削減できる。生分解性を持った新素材としてや、動物由来のレザーの代替としても応用が期待されている。代表的な企業として、エルメスとの製品開発を実現した「マイコワークス（Mycoworks）」や、インドネシアでの量産体制を構築する「MYCL」などがある。

3）バクテリア・ベースド・マテリアル

　バクテリア・ベースド・マテリアルは、細胞培養工学の応用としてタンパク質やバイオポリマーを、あるいはセルロースやコラーゲンなどを、精密発酵を通して作製することをさす。微生物由来の材料開発事例には「モダンメドウ（Modern Meadow）」や「ニューライト（Newlight）」などの企業による代替レザー開発が進む一方、スパイバーのように人工的にタンパク質を作製する事例もある。今後の発展可能性としては、毛の構造を成形可能なタンパク質の1つであるケラチンを生成することによって、ファーやウール、カシミア、合成ポリマー代替素材などへの活用が期待される。

4）バイオテクノロジー・ベースド・マテリアル

　バイオテクノロジー・ベースド・マテリアルは、バイオラボで動物細胞を生成、培養することで素材を生み出す領域である。動物細胞の一部から生態組織を生成しレザーをつくるので、生きている動物を殺傷せずにすむのが最大のメリットである。「ヴィトロラボ（VitroLabs）」が代表的企業として挙げられるが、他企業による開発事例はまだ少ない。エキゾチックレザーを培養したり、毛包組織工学の技術を応用することで、ファーやウール、ダウンを加工するなど、これから応用研究が期待される新領域である。

次世代バイオマテリアル時代のバイオファッションデザイナー

　上に述べたような次世代バイオマテリアルが普及すると、ファッションデザイナーの職能はどのように変化するのか？　ここではデザイン領域を中心

に、バイオマテリアルに関する議論や実践の系譜を追ってみたい。バイオファッションデザイナーのパイオニアの名前をあげるとすれば、スザンヌ・リーがふさわしい。リーはもともと、ロンドンの美術大学セントラル・セント・マーチンズでファッションデザイナーとしての教育を受けた。そこから、一般市民やアーティストが自宅のキッチンやバスタブでバイオテクノロジーにまつわる実験を行うDIYバイオに着目し、自身のプロジェクト「バイオ・クチュール（Biocouture）」を立ち上げた。コンブチャを代替レザーとして自宅のバスタブで育成し、ジャケットや靴として仕立てた彼女の一連の実験は、TED Talk「自分の服を育てよう」で紹介され話題となった。彼女はその後、バイオレザーを開発するベンチャー・モダンメドウ（Modern Meadow）のデザイン責任者に就任し、バイオデザインのネットワークである「バイオファブリケイト（Biofabricate）」を主催するなど、バイオファッションデザインを推進している。

　同時に、バイオテクノロジーが人間の未来に与える影響について思索してきたスペキュラティヴデザイナーやデザインエンジニアたちもバイオマテリアルに注目し、実践や研究が活発化することになる。なかでも、MITメディアラボメディアアート・サイエンス学部教授のネリ・オクスマンは、コンピュータ・ヒューマン・インタラクション研究の観点からバイオマテリアルの応用を試みている。彼女がMITの工学研究者たちとつくり出す、シルクのパビリオンや人工細菌が生み出す色素に彩られたデスマスク「Vespers III」は、新しい領域の可能性を示すにとどまらず、バイオマテリアルの美学を提示している点も興味深い。オクスマンが「創造性のクレブス回路（The Krebs Cycle of Creativity）」図2・2と名付けたダイアグラムで示すように、バイオマテリアル研究は美術、科学、エンジニアリング、デザインが複合的に絡み合った領域であり、自然環境の持続可能性にとって有益であるだけでなく、私たち人間の創造性に大きな影響を与える領域であると言える。

　リーやオクスマンのような新しいデザイナーの登場をふまえ、バイオ・

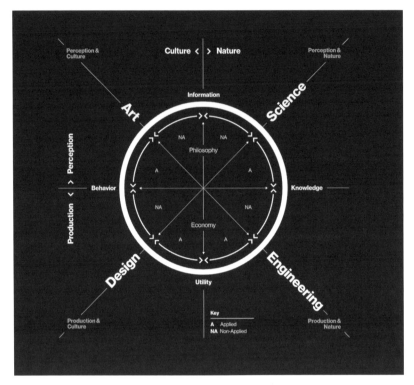

図2・2　アート、サイエンス、エンジニアリング、デザインという4つの創造的な領域を包括的に実践する、複雑性の時代における人材像を定式化した図。ネリ・オクスマン、「創造性のクレブス回路（The Krebs Cycle of Creativity）」2016（Oxman,N., 2016. Krebs cycle of creativity. *J Des Sci.* より）

　ファッション研究の草分けであるキャロル・コレットは、「生命と共にデザインする（Designing with the living）」ためのフレームワークを提示し、バイオファッションデザイナーの条件を提示している図2・3。

　第一の条件は、あくまでも「デザイナー」として、自然や生態をインスピレーション源としている点。衣服や素材の機能性を設計する際、バイオミミクリーの思想に基づき、自然を「模範」とすることを重要視する。また、自然を一方的に支配する人間中心主義的な考えから距離を置き、「デザイン・カルチベーター(デザインの新領域を耕す人)」として、発酵や微生物の多様な新陳代謝の動きを生かしながら、自然を「共創者」とみなす。

生命と共にデザインするためのフレームワーク

手本としての自然	共創者としての自然	"ハック可能な"システムとしての自然	"概念的な"システムとしての自然
バイオミミクリーの思想	農業の思想	生物工学の思想	クリティカルデザインおよびスペキュラティヴデザインの思想
"自然な"自然	"自然な"自然	"合成の"自然	"概念的な"自然
デザイナー	デザイン・カルチベーター	デザイン・バイオロジスト	デザイン批評

<u>図2-3</u>　バイオファッションデザイナーの条件。キャロル・コレット「生命と共にデザインする（Designing with the living）ためのフレームワーク」2016
(Collet, C. (2020) "Designing our future bio-materiality", AI&SOCIETY, pp.1-12を筆者訳)

そして「デザイン・バイオロジスト」として、バイオエンジニアリングや合成生物学をテーマとしながら、自然を「ハック可能なシステム」と捉えるようになる。

　こうしたコレットによるフレームワークは、素材を買って衣服を仕立てる従来のデザイナーの役割を超越している。キノコやバクテリア、植物や動物といった人間以外の多様な種と共にマテリアルや衣服を育てていくデザイナー（バイオマテリアルが当たり前になった社会におけるデザイナーの職能）として、マルチスピーシーズ間の調停者というバイオファッションデザイナーの条件を示唆している。

2.2：方法と実践

▎導入：DIYでつくれるバイオマテリアルレシピ

　バイオマテリアルの諸研究が発展した要因の1つに、国際的なDIYバイオマテリアルの実験ネットワークの存在がある。そこでの主要なプレイヤーは、生命工学などに関する専門的教育を受けていないアーティストやデザイナーである。彼・彼女らが身の回りの機材や材料を組み合わせ新しいバ

イオマテリアルを生み出そうとする創作文化は、DIYバイオやバイオハッキングと呼ばれ、ファッションデザインにも影響を与えてきた。このネットワークにおいては無償で実験レシピやガイドが共有され、オンラインで国境を越えたワークショップも開催されている。このような不特定多数の実践者による連携が繰り返されるオープンソース文化の成果は、教育、研究、事業化に多大なる影響を与えている。

例えば、カタルーニャ先進建築大学院大学やファブラボ・バルセロナ、ワーグといった欧州における複数の研究機関によって運営されるファブリカデミー（Fabricademy）は、デザイナーやアーティストによるバイオマテリアルの応用研究の最も充実した成果を創出する組織である。ファブリカデミーでは世界中が時差を問わずオンライン上で接続され、レクチャーやプロジェクトが推進されている。アジアには鎌倉や上海をはじめ5か所の加盟施設があり、現在全世界では33の施設が国際的に分散するネットワークに加わっている。プログラムに参加するには、3Dプリンターやレーザーカッターをはじめとするデジタル工作機械や基礎的なバイオラボを備えている必要があるが、講義の内容は映像やテキスト、レファレンスがほぼ全てオンラインでアクセス可能な状態となっている。これを参照することで、ほぼあらゆる人がバイオマテリアルを自作できる未来は現実となりつつある。

ここでは、京都工芸繊維大学KYOTO Design Lab津田和俊とハフマン恵真らによる、オープンソースのバイオマテリアル作製レシピに基づいて、コンブチャ素材と菌糸体由来レザー作製方法について以下に紹介する。本内容はファブリカデミーでも紹介されている。

バイオマテリアルラボのデザイン

微生物や菌糸などに由来するバイオマテリアルを試作するためには、培養実験に利用する機材や滅菌環境が備えられた実験室が必要となる。

図2・4　左から2番目の丸い蓋のついた箱が、滅菌に利用するオートクレーブ、中央が実験に必要な衛生環境を担保するためのクリーンベンチ、他は微生物の生存環境を管理する各種インキュベーター

ここでは、バイオマテリアル ラボに設置される機材の詳細について解説していく。

○オートクレーブ

機能：高圧蒸気滅菌器とも呼ばれる。器材の内部を高圧にすることで微生物や菌を減らすことができる。

用途：培地や実験器具を滅菌することができる図2・4。

○インキュベーター

機能：温度・湿度管理

用途：微生物を培養するために適した気温と湿度を保つことができる

○クリーンベンチ

機能：気流とHEPAフィルター、UVライトを利用した衛生的な作業空間として利用

表2·2　コンブチャレザー培養のための材料一覧

内容	分量
水	40L
砂糖	4kg
緑茶	1.8L
コンブチャ	10パック
グリセリン	100ml
ゴム手袋	適量
アルコール消毒液	500ml
ビニール	適量
食器用洗剤	適量
容器	培養サイズによる
電気マット	
木の板	

用途：埃や環境微生物の混入を避けながら作業をすることができる

バイオデザインプロセス：コンブチャレザー の場合

○コンブチャとは

コンブチャとは紅茶キノコとも呼称される発酵飲料である。産膜酢酸菌のコロニーが形成したセルロースゲルであり、酵母と酢酸菌が含まれている表2·2。

○コンブチャレザー培養プロセス

1. 培養容器の準備

2. 培養液の調合

3. 培養

4. 洗浄

5. 乾燥

6. 成形

1）培養容器の準備

培養したいサイズのポリタンクを用意し、70％のアルコールで殺菌する。コンテナの下には培養に適切な温度を維持するための加熱マットを敷いておく図2・5。

2）培養液の調合

お茶と砂糖を混ぜ培養液を調合する。熱を冷ましたらティーパックを加え15分ほど放置する。それから砂糖を入れ十分に溶かす。殺菌済みのタンクへ完成した培養液を流し込む図2・6。

3）コンブチャ培養

培養液を室温まで冷ましたらリンゴ酢を加えてから、コンブチャをタンクに沈ませる。48 〜 72時間ほど経つと発酵が始まり、薄い膜と泡が水面に現れる図2・7。

4）温度管理

酸素が必要なため密封しないよう留意する。その際、培養に適切な23 〜 28度を維持するために加熱マットのスイッチを入れておくことが望ましい。水温はできるだけ記録しておくこと。

5）サイズ計測

ゴム手袋で手を保護した上で水面に生成してくる膜の厚さを計測する。その際、カビが生えていないかを確認すること。約4週間経つと約2 〜 5cmほどの厚さまで成長する。

6）収穫

タンクの水面に生成したバクテリアセルロース膜を慎重に寄せ集めて、バケツなどに収穫する図2・8、9。

7）洗浄

膜を板に広げて、まずは付着物を取り除きながら、食器用洗剤を混ぜたぬるま湯で両面を優しく洗浄する。一通りきれいになったら、水で洗剤

図2・5　コンブチャを培養するための容器

図2・6　培養液を調合する様子

図2・7　培養液の準備が完了した状態

図2・8　バクテリアセルロース膜を収穫している様子

図2・9　成長が完了したバクテリアセルロース膜

図2・10　バクテリアセルロース膜に付着している培養液を洗い流す様子

図2・11　収穫が完了したバクテリアセルロース膜を天日干しする様子

　　　　　　　　第2章　生分解・再生するファッションデザイン：バイオマテリアルとサステナビリティ

図2・12　完成されたコンブチャレザー

図2・13　コンブチャレザーの表面

図2・14　コンブチャレザーの立体成型型実験

を洗い流す図2・10。

8）乾燥

板にのせた状態で天日干しする。その後、数日間は両面交互に天日干しして乾燥させることが好ましい図2・11。

9）コンブチャレザーの完成

乾燥が終わればコンブチャレザーが完成する。紙よりも強い強度が期待できるが水に弱い特性がある。染色やレーザーカットに適した材質を持つとされる図2・12、13。

10）立体成型実験

水分を含んだ状態のコンブチャは可塑性があるため、立体物の上で乾燥をすれば形状が維持された3次元のコンブチャレザーが成形できる図2・14。

バイオデザインプロセス：菌糸体レザー

○菌糸体とは何か

菌糸体とは、カビやキノコなどの菌類の体を構成する糸状の菌糸が集合したものをさす。糸状に分岐しながら拡張し、多数の菌糸の集合によってさらに成長する。樹皮上などに見えるキノコは繁殖のための構造である子実体であり、本体は幹の中に広がる菌糸である表2・3、図2・15。

○菌糸体レザー培養プロセス

1. 培養環境の整備

2. 菌糸体シートの培養

3. 収穫

4. 架橋

5. 可塑化

表2・3　菌糸体レザー培養のための材料一覧

2.2

方法と実践

内容	分量
クリーンベンチ	1つ
消毒用アルコール70%	500ml
ゴム手袋	適量
インキュベーター	1つ
キノコ菌床（ヒラタケ属、マンネンタケ属など）	培養サイズによる
ビニール手袋	適量
テープ	
オートクレーブ	1つ
MYG培地	500ml
スプーン	適量
ピンセット	
カッター	
カッターナイフ	
グリセリン	
水	
はけ	

1）無菌操作

ゴム手袋をはめてからアルコール消毒をし、菌糸体を育成するための枠を設置する。カビや異物などの混入といったコンタミネーション（汚染）を防ぐため、滅菌環境下であるクリーンベンチ内で作業を行う必要がある。

2）培地作成

麦芽エキス、酵母エキス、グルコースなどを混合し菌糸体の栄養分となるMYG培地を作成する図2・16。

3）菌床

容器から掻き出した菌床を枠の縁まで埋め、なるべく平坦になるように手で均す。最後にスプレーでMYG培地を全体になるべく均等に振りかける図2・17。

図2・15　菌糸体の表面

4）培養

ビニール袋で全体を包み、インキュベーターで培養する。設定温度は29度前後、湿度は70%前後に設定する図2・18。

5）菌糸体シートの完成

2～3週間ほど経過すると菌糸体シートができ上がる。完成まではコンタミネーションのリスクがあるため封を開けないように留意する図2・19。

6）収穫

菌糸体が望ましい範囲に成長したら枠から取り出し、おがくずをカッターなどで切り込みを入れて崩しながら、スプーンやピンセットで取り除く図2・20。

7）仕上げ

十分におがくずを取り除けたら、平坦な場所で乾燥させてからグリセリン水溶液（50%）をはけで塗布する。それから風通しのよいところで保

図2·16 クリーンベンチ内で培地を作成している様子

図2·17 菌床を枠内に振りかけている作業風景

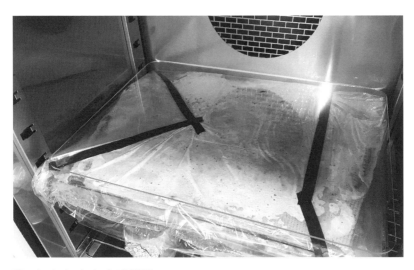

図2·18 インキュベーター内の培養風景

図2·19 枠から菌糸体とおがくずを収穫している様子

図2·20 菌糸体からおがくずを取り除いている様子

管する。

8）架橋

レザーとしての質を向上させるために架橋と呼ばれる化学処理を行う。これによって引っ張り強度、引き裂き強度、耐摩耗性、色素定着性を向上させるとともに、腐敗を抑制できる。架橋には酸化ナトリウム、酢酸、イソプロパノール、エタノール、メタノールなどが用いられ、含浸する時間や温度はそれぞれ異なる。

9）可塑化

素材の柔軟性を担保するために可塑化加工をする。ホットプレスまたはコールドプレス加工をすることで素材から限りなく水分を抜き、グリセロールやソルビトールなどの湿潤剤を用いて再び素材に水分を戻す。

2.3：プロジェクト

2.3

プロジェクト

| 未来の下着——Wacoal 人間科学研究所
＋ KYOTO Design Lab

　バイオファッションの可能性を探求するプロジェクトを、産学連携の枠組みで推進した事例として、ワコール人間科学研究所と京都工芸繊維大学 KYOTO Design Lab の共同研究「未来の下着」がある（口絵 p.3）。このプロジェクトでは、2020年から1年間にわたり、菌糸体由来の素材をはじめとしたバイオマテリアルでつくられた下着の試作を行い、リサーチやプロトタイプの作成に加えて、サービスとして展開した際のシナリオ策定が行われた。一連の共同研究には、Synflux（シンフラックス）や3Dプリンターフィラメント開発などを手がけるネオマテリアも参画した。

　バイオマテリアルの試作では、菌糸体由来素材に加え、食料残渣やバクテリア由来のバイオプラスチックなど、多様な再生バイオ素材が活用された。

　特に菌糸体の培養においては、衣服設計に必要な寸法や強度を担保した培養方法の確立を試みた。そして、なめしや架橋と呼ばれる標準的な皮革をつくる際に必要な2次加工の実験や、柔軟性や生分解性の観点からの製品評価も実施した。

　このプロジェクトで重要なのは、バイオマテリアル培養プロセスとコンピュータプログラムを用いたアルゴリズミックデザインを融合させた点にある。

　平面状に育ったバイオマテリアルは柔軟性が不足するため、レーザー加工機で事前にコンピュータによって計算された切れ込みを入れることで伸縮性を付与するシステムを導入した。開発では、建築・プロダクトデザイン用のCADとビジュアルプログラミングのプラグインを用い、切れ込みのサイズやパターンなどを編集可能にした。

　さらに、菌糸体が糸状に拡張していく際の足場もまた、柔軟性をコントロールできるシステムをベースに制作された。それによって、菌糸体の育つ

図2・21　菌糸レザーを3Dプリントされたワイヤー上に培養し、体形に合致する且つ生分解可能な下着が制作された
（©京都工芸繊維大学KYOTO Design Lab、撮影：米山智輝）

図2・23　使い終わったバイオマテリアルは専用のコンポストに廃棄、分解される

図2・22　ロックダウンが常態化した近未来、自宅でバイオマテリアルを培養できる機材や間取りが普及し、自給自足に一役買うかもしれない

部位を一定程度、事前にアルゴリズムによって制御可能となった。このようなアルゴリズミックデザインの応用が示唆するのは、バイオマテリアルの培養にデジタル技術が応用される将来的な展望だ。設計に必要な道具や素材をアルゴリズミックにデザインすることで、将来的には完成する繊維製品の形状に最適化するよう菌類を扱う「バイオメタマテリアル」をつくることが可能となる。ファッションデザインやテキスタイルデザインをはじめ、ソフトウェア工学、素材科学、サービスデザインなどを専門とする多様な視点を集合させ、最終的には、SF小説や未来シナリオを作成し、映像化も行った図2・21。

そのシナリオでは、下着の着用者はバイオハッカーとして衣類の育成から廃棄まで、テクノロジーに支えられつつDIYすることになる。このように、バイオマテリアルによってつくられた下着はどのような人が利用するのか?

あるいはどのように捨てられるのか?

といった、バイオファッション実装後の社会像もデザイン対象となる。そのために、多様な専門性や人材からなる集合的思索が今後より一層求められるだろう図2・22、23。

2.4：事例

┃ボルトスレッズ×ステラ・マッカートニー──人工タンパク質シルク

2009年、アメリカを拠点に創業した「ボルトスレッズ（Bolt Threads）」は、バイオテクノロジーを活用した循環型素材を開発するスタートアップ企業である。設立者のダン・ウィドメイザー（Dan Widmaier）、デイヴィッド・ブレスラウアー（David Breslauer）、エザン・マイスキー（Ethan Mirsky）はそれぞれ、ケミカルバイオロジー、バイオエンジニアリング、バイオフィジックスの博士号を取得した研究者で、生命工学の知見から新規素材開発

図2・24　マイクロシルクで試作されたドレス（出典：ボルトスレッズウェブサイト）

を進めたパイオニアとして知られる。

　まず、ボルトスレッズが開発に取り組んだのは、人工タンパク質「マイク
ロシルク（MICROSILK）」だ。蜘蛛の巣が持つ高い引っ張り強度、弾力
性、柔軟性などを模倣し、遺伝子組換えを行った人工タンパク質を培養
して、糸を製造する。開発したマイクロシルクは、ステラ・マッカートニー
と協働で開発したドレスとしてニューヨークのMoMAに収蔵されるなど、試
作が進行している図2・24。

　近年特に開発を促進しているのは、キノコの菌糸体由来の人工レザー
「マイロ（MYLO）」である。菌糸体細胞を大規模工場に設置した専用の
ベッドで培養させ、絡みあう菌糸体の仕組みが応用されている。最終的
には、乾燥、染色、なめしや表面加工などを経て、市場に流通可能な代替
レザーとして製造される。

　ボルトスレッズはマイロを「アンレザー（非革）」と呼び、製造工程の
環境負荷の低さで、従来の皮革や合成皮革と明確に差別化している。キノ

コの菌糸体を原料としたマイロは、家畜生産や化石燃料に依存せず、製造方法でも複数の環境評価でその機能が立証されている。ドイツの素材認証審査会社であるディン・サートコ（DIN CERTCO）によるバイオベーステストによれば、マイロは50〜85%が最終的に分解可能なバイオベースの素材で製造されているとの認証を受けている。合成皮革に必要な化石由来のPVCコーティング、ポリウレタンも利用していないとされる。他方、まだ完全な生分解性は達成しておらず、今後の課題として現在も検討されている。

　2021年には、マイロのさらなる安定的な製造と製品開発を促進するため、アディダス、ケリング、ルルレモン、ステラ・マッカートニーとマイロ・コンソーシアムを設立した。このように、再利用や廃棄が容易で、可能な限り自然環境への負荷をかけないキノコ由来の素材が進化・普及していけば、天然皮革の代替品としての役割を担う日もそう遠くないかもしれない。

┃マイコワークス×エルメス──マイセリウムレザー

　2013年にアメリカで創業した「マイコワークス（Mycoworks）」は、キノコの菌糸体を原料とした人工レザーを開発するアメリカのスタートアップ企業である。かねてよりキノコ素材の可能性を探求していたフィル・ロス（Phil Ross）とソフィア・ワン（Sophia Wang）が研究成果を元に設立し、2017年にエネルギー分野の起業家として活躍していたマシュー・カスリン（Matthew L. Scullin）を最高経営責任者に迎える形で社会実装を加速した。彼らは自らの事業をマテリアル・プラットフォームと位置づけており、例えば同社が開発した代替レザー素材「レイシ（Reishi™）」図2・25を用いて、多様なファッションブランドとの協働による新規製品の開発を目指している。「レイシ」は、同社の技術「ファイン・マイセリウム（Fine Mycelium™）」を通して、高品質な菌糸構造と加工を備えた素材である。2021〜22年秋冬のエルメスコレクションでは、新素材「シルヴァニア」

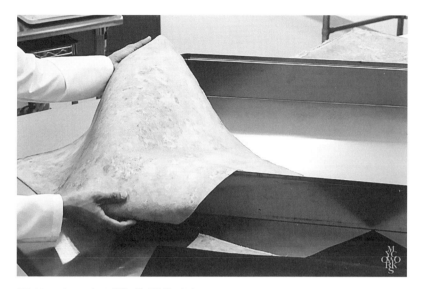

図2・25　マイコワークスの代替レザー素材「レイシ」(©Lindsey Filowitz、提供:マイコワークス)

を用いたバッグ「ヴィクトリア」が発表された。

　同社は創業当初から積極的に革職人と試作開発を行うなど、ファッション産業が蓄積してきた工芸の知見をバイオ素材の社会実装にも応用し、ラグジュアリー・ブランドに通用する付加価値製品を生み出すことを目指してきた。具体的には、スペインのカタロニアで皮なめし加工業者を営むカルティドス・バディアとパートナーシップを締結し、独自の2次加工方法を共同で編み出している。また、動物の殺処分を回避することに加え、なめし加工におけるエネルギーと水の排出量を削減し、可能な限りエネルギーコストの低い生産過程を追求している。

　菌糸体レザーの標準化における今後の課題は、架橋や可塑化などの専門的な化学処理が必要なため、素材の乾燥や柔軟性を確保するための設計が必要な点だ。マイコワークスのウェブサイトでは、具体的な加工方法のレポートや基礎研究の論文が参照先として一覧できる。中には、菌糸体由来のフィルムを制作し、その形態的・科学的特性を定量的に評価した

『Nature』の論文なども含まれている。

マイコワークスは自社技術の特許化も実施しつつ、関連する論文や素材の評価結果のオープン化にも積極的であるのが特徴の1つだ。限られた大手メーカーに限定的にサンプルを配布し、開発のクオリティを重視するボルトスレッズに対し、職人や農家を包摂しつつ、研究開発プロセスのオープン化に重きを置くマイコワークス。そこには代替レザーの研究領域自体を盛り上げようとするスタンスが垣間見られる。日本からもこうした先行研究を参照した実践が求められていると言えるだろう。

2.5：この人を見よ——ゴールドウイン×スパイバー

┃関山和秀

バイオファッションの牽引者であるベンチャー企業にとって、試金石はファッション企業との出会いとコラボレーションである。バイオマテリアルの研究開発はバイオテクノロジーを用いた原料の生成方法の開発から始まり、紡績や繊維製品の製造、衣服設計にいたるまで広範に及ぶ。バイオマテリアルを生活者にまで届けることが最終的なゴールであるとすれば、バイオファッションが実現するサステナブルなファッションを実装していくためのコラボレーションは不可欠だ。

この意味において、スパイバーとゴールドウインの2015年から始まる協働関係は、日本国内における1つのロールモデルである。スパイバーは、ゴールドウインよりスポーツ・アウトドア製品の開発を前提とした30億円の出資を受けた[注4]。スポーツ・アウトドア関連衣料品の多くは、石油由来の合成分子素材を採用しており、その結果引き起こされるマイクロプラスチック問題やエネルギー消費、温室効果ガス排出の問題は大きい。ゴールドウインはかねてからこの課題意識を持っていた。そこで同社は、スパイバーの構造タンパク質素材「Brewed Protein™（ブリュード・プロテイン™）」に着目し、持続可能な素材や製品、経済のデザインを目指し

図2・26　ゴールドウイン&スパイバーの事例MOONPARKA(提供:スパイバー)

　た。これまでに、実用化にむけた試作品開発や限定製品の販売をおこなっている。

　2社によるプロジェクトをいくつか紹介したい。Tシャツ「PLANETARY EQUILIBRIUM TEE」は、スパイバーによるタンパク質素材を使用した初の製品である。

　植物由来のタンパク質であるコットンと、微生物由来のタンパク質ブリュード・プロテイン™が82.5：17.5の比率で配合された。この数字は、地球上に存在する全ての生物の重量を100とした時の植物と微生物が占める割合にちなんだそうで、その成分表示は大きなタグとしてTシャツに縫い付けられている。また、2019年に発売された「MOON PARKA」は2社のコラボレーションのアイコンとして注目を集めた。分子設計のフェーズから改良を重ね、アウトドアウェアに耐えうる本格的なテクニカルウェアとして、防水・透湿ラミネート加工や、YKKが提供したダイレクトビスロンファス

ナーによるスムーズな着用感も担保されている。

　バイオマテリアルの実用化には時間がかかるため、資本連携はもちろんのこと、目指すべきビジョンの共有が大切になる。2社間のコラボレーションもまたそんな長い道のりを形容して「ムーンショット」と呼ばれる。フロンティアとしての宇宙に向かうように未踏領域への挑戦を目指す研究開発を協働で進めている。ザ・ノース・フェイスが発明家バックミンスター・フラーへのリスペクトと共に掲げる「レス・イズ・モア」「ドゥ・モア・ウィズ・レス」「最小限のエネルギーで最大限の機能を引き出す」などの考えは2社の実践と共振する。

　スパイバー代表の関山和秀が、「ムーンショット」を実現するために強調するのがR＆D（研究開発）だ。スパイバーは構造タンパク質の研究成果を学術論文として多数公表している。中には、構造タンパク質素材の生分解性や、高い熱安定性及び機械的特性に関するものや[注5]、同素材の製造プロセスにおける環境への影響や課題を分析し実践的アプローチを考察しているものがある[注6]。このように協働する2社の研究成果は、循環型製品の実用化のみならず、学術実践にも派生することで、今後のバイオファッションの発展に寄与するだろう図2・26。

［注釈］URLの最終アクセス日は2022年7月12日

注1　Global Fashion Agenda and The Boston Consulting Group (2017) Pulse of the Fashion Industry, Report to the Copenhagen Fashion Summit 2017, "Hereafter, the 'Pulse Report 2017" https://www. globalfashionagenda. com/publications-and-policy/pulse-of-the-industry/

注2　古川克子（2011）「組織工学と再生医療」『人工臓器』40（3）、pp.211-216

注3　環境省「我が国の食品廃棄物等及び食品ロスの発生量の推計値（平成28年度）の公表について」https://www. env. go. jp/press/106665. html

注4　「ゴールドウインが「人工合成クモ糸」のスパイバーに30億円出資」『WWD JAPAN』https://www. wwdjapan. com/articles/193327

注5　Tachibana, Y., Darbe, S., Hayashi, S., Kudasheva, A., Misawa, H., Shibata, Y., & Kasuya, K. I., (2021) "Environmental biodegradability of recombinant structural protein", *Scientific Reports*, 11(1), pp.1-10

注6　Lips, D., (2021) "Practical considerations for delivering on the sustainability promise of fermentation-based biomanufacturing", *Emerging Topics in Life Sciences*, 5(5), pp.711-715

第3章

最適化するファッションデザイン：
コンピュテーショナル・デザインと
サステナビリティ

これまで	多くのアパレル企業が大量生産型の製造システムを前提に、多くの人的リソースを駆使してモノやシステムを設計してきた。しかし、人間の予測・設計能力には限界があり、過剰生産や大量廃棄は必要悪と見なされてきた。
これから	複雑な問題を解く手続き（アルゴリズム）をコンピュータに指示し、設計プロセスに取り入れることで、コンピュータアルゴリズムと人間がともにデザインを行い、資源使用や循環を最適化できるかもしれない。

3.1：コンピュテーショナル・ファッションデザインに ついてのこれまでとこれから

┃何を最適化するのか？

　パーソナル・コンピュータが一般化し、衣服の設計にCADが応用されるようになって久しい。衣服はその設計図である型紙を元につくられるが、型紙作製は手作業から、コンピュータで作成するものへと20世紀に変容した。そこでデザイナーも機械やコンピュータを操る職能へと変化し、大量生産・大量消費時代へと自らを適応させてきた。だが21世紀に入ると、「廃棄の問題」が顕在化する。

　21世紀のファッションが抱える「廃棄の問題」に対して、コンピュテーショナル・デザインには何が可能か。ここでいうコンピュテーショナル・デザインとは、コンピュータが従来のデザイン行為の深層に介入することで、生産や消費の質と量を「最適化」するデザイン方法論を指す。つまり、デザイナーが大量のデータ処理を前提とした「コンピュテーション＝計算」と協調することで、不条理な製造を倫理的な生産へ、無駄が多い製造を合理的なプロセスへと最適化する方向性である。このようなコンピュテーショナル・デザインが目指すこれからの「最適化」は、以下の3つに整理することができる。

　1）つくり方の最適化：アルゴリズミック・デザインによる形の制御

　2）売り方の最適化：AIによる企画・流通・販売のマネジメント

　3）買い方の最適化：マスカスタマイゼーションによる、愛着の持てるデザイン

1）つくり方の最適化：アルゴリズミック・デザインによる形の制御

　これまで、衣服の形状はデザイナーの直感に基づく「美しさ」に依拠してデザインされてきたが、あまりにも多くの廃棄を生み出している。今後は「美しさ」に加えて「算法＝アルゴリズム」を設計の基準とする「アルゴリズ

ミック・デザイン」と呼ばれる手法を活用し、資源の効率的利用に最適化された衣服の形状をつくり出すデザインの促進が期待できる。

2）売り方の最適化：AIによる企画・流通・販売のマネジメント

　機械学習や深層学習による計算処理能力の応用も検討が進んでいる。流通・販売プロセスにおける無駄や廃棄の削減に貢献しえる在庫管理や生産管理。そのためのツールやサービスはすでに運用されている。一方、製品企画の段階では、ファッション史が蓄積してきたデザインソースやデータを再利用し、機械学習とデザイナーが協働しながら需要予測に合致させ制作する取組みが始まっている。

3）買い方の最適化：マスカスタマイゼーションによる、愛着の持てるデザイン

　消費者が衣服を購入する際に、より愛着を持って長く使用するためには、最適化だけではなく消費体験の向上や製品利用時の感情の持続が求められる。そこで、制約条件を元にしたパラメータを制御することで衣服の形を生成的につくり出せるジェネラティブデザインや、使用者の身体形状に合わせて衣服を設計できる3Dテクノロジーの応用を通して、消費者自身が自分の趣味嗜好や身体的特徴をデザインに反映させることで、製品に愛着がわく「マスカスタマイゼーション」が活発化している。

┃コンピューテーショナル・デザインの現状

つくり方の最適化：アパレルCADとコンピューテーショナル・デザイン

　ファッション産業においてコンピュータを使ったデザインがまず応用されたのは、CADを用いたデザイン方法である。ここで使用されるソフトウェアは、一般的にアパレルCADと呼称される。アパレルCADは、衣服の設計図に当たる型紙をコンピュータを用いて設計する際に利用される。今ではあらゆる規模の企業に勤めるデザイナーやパタンナーの前提となったアパレルCADは、3D CGやソフトウェア研究と連動しながら発展してきた。アパレ

表3・1 産業用アパレルCADリスト

企業名	設立年	企業所在地	サービス名
エイプロス	1971	日本	AGMS CAD OPTITEX2D/3D
レクトラ	1973	フランス	Modaris Modaris 3D fit DesignConcept
東レACS	1976（発売）	日本	CREACOMPO
ガーバー テクノロジー	1981	アメリカ	AccuMark Vsticher
島精機	1981（発売）	日本	SDS-ONE APEX
グラフィスソフト ウェア	1982	ハンガリー	GRAFIS CAD Vsticher
ヒューマン ソリューションズ	1985	ドイツ	Assyst Vidya
ポリゴン ソフトウェア	1986	アメリカ	PolyNest
EFIオプティ テックス	1988		O/DEV Pattern Making Suite 3D Creator 3D Flattening
PADシステム			Pad Pattern
コチェニール デザインスタジオ			Garment Designer
オウダシス	1992	イタリア	Vestuario Audaces360
ツカテック	1995	アメリカ	TUKAcad TUKA3D
ワイルドジンジャー			Cameo Pattern Master
スタイルCAD	1996		Pattern Xpert
ユカアンドアルファ	1998	日本	Alpha myu
ブラウザウェア	1999	シンガポール	Vsticher
デジタル ファッション	2001	日本	DressingSim LSX
eテレシア	2004	ギリシャ	Telestia Creator
CLOバーチャル ファッション	2009	韓国	CLO CLO3D

出典：Baytar, F., Sanders, E. (2020) Computer-Aided Pattern Making: A Brief History of Technology Acceptance from 2D Pattern Drafting to 3D Modeling, Bloomsbury Visual Arts, p.119を参照、筆者改変・翻訳)

ルCAD史のまとめによれば[注1]、80年代中盤から以下のような流れで次第にデジタル化を遂げた。

・**1980年代：**70年代に蓄積したコンピュータの基礎研究によって、ソフトウェアの計算容量が向上、安価化した。その結果複数のファッション企業によってパターンメーキングのための**CAD**開発が促進される。

・**1990年代：**パーソナルコンピュータの普及にともない、アパレル**CAD**を用いた2次元のパターンメイキング支援ソフトが汎用化される。

・**2000年代：3DCG**ビジュアライゼーション技術の発達によって、物理世界における布や衣服のドレープや素材感がより精密に再現可能になる。

　現在、国際標準のアパレルCADはないものの、DXFデータ形式を業界の標準として、世界中に産業用アパレルCADを開発、販売する企業がある。日本では東レACSや島精機など、繊維企業やその子会社がその主体である。

　国内シェア最大の東レACSによるクレアコンポの他、リアルなファブリックシミュレーションなどが特徴の島精機によるAPEXシリーズなどが代表格だ。他にも、近年ではユカアンドアルファが代理販売するクロスシミュレーション（布の物性をコンピュータ上で再現する機能）に特化したCLO3Dなどが台頭している表3・1。

　2000年代以後、パタンナーが手作業で行った製図やグレーディングをコンピュータが代替するだけではなく、2次元パターンデータをバーチャル環境上で3次元の衣服データとして再現できるようになったのだ。さらに今後は、3Dスキャナーによってコンピュータ内に取り込んだ着用者の3次元の身体データをもとに2次元の型紙データが作成できるようになれば、2次元と3次元を自在に往来するデザイン手法が確立することになる。

コンピューテーショナル・デザインが可能にする、ゼロ・ウェイストファッション

　一般的にいわれるアパレルCAD導入の意義は、製品生産が包括的に管理可能となり、コミュニケーションやコラボレーション、意思決定やワークフ

ローが高速・効率化できる、プロダクトマネジメント上の利点である。ただし、生産効率化は環境問題を加速させるという指摘もあり、確かに、低価格競争下においては、物価や人件費の安い地域に製造拠点を移転するオフショア化につながる側面は否めない。その点、倫理的な活用は必要だろう。

　それでも、コンピューテーショナルな技術の可能性は高く、パーソナライゼーションやカスタマイゼーションに応用することで、製品の長寿命化を図るサービス開発が期待できる。原料調達から製造・流通・販売・回収まで全てのプロセスをコンピューテーショナルに制御すれば、製造時の温室効果ガス排出量削減、リサイクル性能向上、あるいはプロダクトライフサイクルマネジメントへの応用も可能だ。つまり、「安く、早く、たくさん」製品を売らない革新的な事業を生み出すのも、コンピューテーショナル・デザインなのである。

　その中でも有力な応用可能性として挙げられるのが、ゼロ・ウェイストファッションである。可能な限り裁断ロスを出さない設計方法論のことだ[注2]。提唱者であるティモ・リサネンによれば、衣服のデザイン工程において、裁断時に布帛全体の15 〜 25%が廃棄されている[注2]。製造に使う織機や生地構造の都合上、織地は四角形でつくられるが、対して人間の3次元形状に基づくデザインを実現しようとすると、型紙は一般的に四角形にはならず、裁断時に廃棄が出てしまう。

　リサネンが提案する解決策は非常に単純である。四角形の布帛に対して、可能な限り直線を用いた型紙を積み木やパズルのように制作するのである図3・1。彼は教育者、研究者としてジャケットからパンツまで、型紙のデザインを数多く提案してきた[注2]。その際参照されるのは、マドレーヌ・ヴィオネやイッセイ・ミヤケをはじめとした和服の平面的構成に影響をうけたファッションデザイナーの背景に存在する、直線裁ちの技である。直線裁ちとは日本の文化や慣習に根ざした型紙作成の手法であるが、家政学における研究、実践の蓄積がある[注3]。

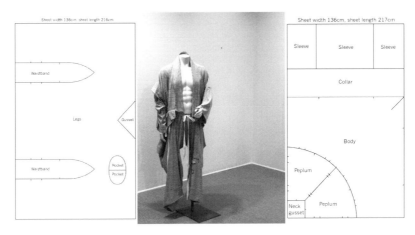

図3・1　リサネンによるゼロ・ウェイストファッションのプロジェクト「MLS」(2011)

　　コンピュテーショナル・デザインとゼロ・ウェイストファッションの融合について
は、リサネンの下で教育を受けたホーリー・マッキランによる研究が
ある。彼女はアパレルCADの1つ、CLO3Dを用いて明らかにした廃棄最
小化デザイン案を、織生地の製造プロセスにフィードバックする実験を行っ
た[注4]。まず、CLO3D上で廃棄原因となる縫い代などを明らかにし、その結
果を元に型紙データを作成、そのデータに基づきジャカード織機で服を自
動出力する。そのことによって、これまで分断されていた衣服の意匠、構
造、製造を架橋しつつ廃棄を減少させる可能性が見えてくる。彼女は他に
もゼロ・ウェイスト型紙作成のためのガイドラインと共にオープンソース化
する活動も行っている[注5]。ゼロ・ウェイストファッションをコンピュテーショ
ナルに実現するには、その造形・製造技術を効率化の手段としてだけで
なく、クリエイティブな手段としても捉える必要があるだろう。「今日われ
れが着ている服は時代錯誤的で、不合理で、有害である」というバーナー
ド・ルドフスキーの人間中心主義への指摘[注6]は、ゼロ・ウェイストファッ
ションが乗り越えようとする過剰廃棄の問題と少なからず重なる。マッキラン

も、デザイナー主導で生み出される過剰なダーツやギャザー、縫い代などを人間中心主義に基づいて生まれたディテールであると批判している。

　同様の提案を試みている例には、ジュリアン・ロバーツによる穴や切れ目などを有効活用して廃棄量を抑えるデザイン手法「サブトラクション・カッティング」[注7] やリッカード・リンクイストによる直立した身体を前提としたテイラリング技術から離れ、動きのある身体により適合する型紙作成のテクニック「キネティック・ガーメントコンストラクション」[注8] などがある。リンクイストが創業したAtacacでは、マニュアルではあるが簡単にサイズ調整や形の改変が可能な型紙のデータやカスタマイズ可能な衣服を販売している[注9]。

コンピュテーショナル・デザインを活用したファッションベンチャー

　このように、持続可能なファッションのためにコンピュテーショナル・デザインを応用するには、3つの方向性がある。第一にCADやソフトウェアの導入で新たな設計手法を生み出すこと。そして、ユーザが愛着を持てるようなロングライフデザインを促すプロダクトやサービスをつくり出すこと。最後に、大量生産を前提としたサプライチェーン全体の効率化を通して、利用資源や廃棄、エネルギーを削減するプロダクトライフサイクルマネジメントに活用する方向性である。

　そして、近年活発に活動を推進している主要なプレイヤーの1つにファッションベンチャー企業がある。ファッションベンチャーは、2000年以後に活発化し始める。安価に入手可能なCADやソフトウェアのソースコードを、直接編集可能なスクリプト記述やプログラミングを通して設計や造形など創造的な活動を推進するクリエイティブコーディングのカルチャー[注10,11] などを背景に発達した。既存CADの改変やインターネットサービスの開発を通して、持続可能なファッションを実現しようとする動きである。

　他にも、3Dスキャナーやレーザー加工機など、デジタル工作機械の小型

化、汎用化によってデジタルファブリケーションの運動が[注12]、スタートアップのためのコストを削減し、ファッションベンチャーの活動を後押しした。世界中にはコンピュテーショナル・デザインを活用するファッションベンチャーが勃興している表3・2。

　ファッションベンチャーが掲げるコンピュテーショナル・デザインによる生産の効率化、高速化や、インターネットやEC、SNSの発展によるデジタルエコノミーの発展がサステナブル・ファッションのキーになってくる。デジタル技術を応用し、環境的・経済的に持続可能なマイクロ（小規模）ビジネスを運営することが、デザイナーが生き延びるための手段の1つになりそうだ[注13]。

　ロンドンのファッション市場では、ハイファッションとファストファッションのあいだに存在するギャップがますます大きくなっている[注14]。それは今や、ロンドンに限らず世界中で目撃できる風景だ。そこで、ファッションベンチャーの事例が示唆するのは、デザイナーブランドによるマイクロビジネスの発展に留まらない。生産や廃棄の仕組み、市場の規範、システムなど設計思想全体を変革する「システミック・デザイナー」とでも呼べるような新しい職能なのだ。

コンピュテーショナル・ファッションの展望：人工知能とファッション4.0

　コンピュテーショナル・ファッションの将来的な発展可能性の1つとして、人工知能のデザインへの応用があげられる。

- **AIが服をデザインする**：ファッションデザイナーのスケッチを自動認識し、サイズ表や素材特性を決定するなど、3Dガーメントデザインのデータ作成・分析にAI技術が活用される
- **データアーカイブの活用**：機械学習により、特定の生地素材のシワ形状などの既存データを再利用し、顧客サイズに合わせた衣服のデータを自動生成・合成する

　ファッションと人工知能に関する研究は過去10年で大幅に進展した[注15]。

表3・2 世界のコンピュテーショナル・ファッションベンチャー企業

企業名	地域	サービス名	最適化対象
アンメイド Unmade	英国	Unmade OS	ニットウェアのカスタマイズ支援ソフトウェア
アンスパン Unspun	アメリカ、香港	Unspun	ジーンズのカスタマイズ支援サービス、ボディフィットのためのアプリケーション
シンフラックス Synflux	日本	Algorithmic Couture	製造プロセスにおける布帛廃棄を削減することに特化した型紙制作ソフトウェア
データ・アンド・データ DATA&DATA	フランス	DATA&DATA	機械学習を用いた顧客データの解析と最適化、マーケティング戦略の提案
クロボックス CROBOX	オランダ	Dynamic Messaging, Product Badging, Product Finder	機械学習を用いたパーソナライゼーション支援サービス
3Dルック 3DLOOK	アメリカ	Gartner® Hype Cycle™	機械学習を用いたボディフィットアプリケーション
サーキュラー・ファッション CIRCULAR.FASHION	ドイツ	Circular Material Library, circularity.ID	トレーサビリティ担保のための履歴システム サステナブル・ファッションのためのデザインガイドライン

人工知能によるデザインプロセスの最適化は今後も推進され、自然環境の持続可能性に寄与する実践もそこから創出されていくだろう。

　最後にコンピュテーショナル・ファッションを歴史的に捉えてみると、18世紀後半の産業革命以降の技術革新の潮流の先にあるとされ、特にコンピュータやインターネットが普及してからの変化はファッション業界においても著しい[注16]表3・3。

　機械学習やデジタルファブリケーション、CADなど、コンピュテーショナルな技術の発展にともない、2020年代以降はよりサステナブルな戦略として発展し、ファッション4.0＝「最適化生産」へと移行していくことを期待したい。

表3-3　産業革命に伴うコンピュテーショナル・ファッションへの移行

パラダイムの移行	テクノロジーの移行	ファッションの移行
1800s: ファッション1.0	蒸気機関	製造プロセスの機械化
1900s: ファッション2.0	電気	大量生産の確立 紡績と縫製の機械化
1970s: ファッション3.0	パーソナルコンピュータ CAD	CAD／CAMによるデザインプロセスの変化 グローバリゼーションによるマーケットの変化
1990s: ファッション3.1	インターネット	製造プロセスの効率化 商品の多品種少量生産化を実現するための生産工程の垂直統合化や、アパレルPOSシステムと連動したジャストインタイム生産方式の導入
2020s: ファッション4.0	人工知能 デジタル ファブリケーション	ファッション産業が「**最適化生産**」へ移行することによって、分散的、サービス主導、モジュール的、バーチャル、リアルタイム、双方向的なデザインプロセスとなる **スマートファクトリー** デジタルファブリケーションによって裏打ちされた製造基盤によって、顧客のニーズに即した受注生産とマスカスタマイゼーションが実現する **スマートネットワーク** 機械学習などの人工知能技術によって、最適化されたサプライチェーン管理、マーケティングやトレンド分析が行われる **スマートプロダクト** 情報環境におけるデータが物理的なモノとして出力されるようになり、モバイルデバイスやアプリケーション、IoTと接続された製品が流通する

出典：Bertola, P., &Teunissen, J. (2018) "Fashion 4.0. Innovating fashion industry through digital transformation", *Research Journal of Textile and Apparel*を参照、筆者改変・翻訳

3.2：方法と実践

▌分野を横断することで可能になるコンピューテーショナル・デザイン

　ここでは、コンピューテーショナル・デザインを用いたSynfluxによるプロジェクト「アルゴリズミック・クチュール」を紹介する。アルゴリズミック・クチュールは、ファッションデザインのプロセスにおいて排出される布帛の廃棄を削減することを目的として開発されたデザインシステムである。開発にあたっては、建築やプロダクトデザインで活用されているCADを組み合わせることで、従来のアパレルCADにはない機能が導入された。

　有償から無償までファッションデザインに応用可能なCADソフトウェアは複数ある。第一に、ゲーム開発におけるアバターとそのコスチュームをデザインするために発展してきた一連のCAD群がある。布の物理特性を情報空間上で再現するクロスシミュレーションの機能を備えたこれらのソフトウェアを用いれば、布の動きや質感などを実物に限りなく近い形で再現できることから、ディスプレイ上で閲覧する仮想サンプルだけではなく、バーチャルファッションのコンテンツ制作にも応用され始めている。この領域は韓国から重要な研究やビジネスが生まれており、CLO3Dやマーベラス・デザイナーなどのソフトウェアが実際にファッション産業においてユーザー数を増やし、生産技術の新しい共通言語となりつつある。あるいは、建築デザインにおいて活用されてきたCADソフトウェアも応用が検討されている領域の1つだ。なかでもライノセラスは、2Dと3D、プロダクトデザインから建築までを架橋可能である上に、プログラミング言語Pythonやプラグインのグラスホッパーと接続することで機能拡張性も持つ。

　では、こうした複数のソフトウェアの組み合わせが、どのように従来のファッションデザインのプロセスを拡張するのだろうか？ 表3・4

表3·4　ファッションデザインにおける拡張系CADソフトウェアの例

名称	機能	ファッションデザインにおける用途
CLO3D/ マーベラス・ デザイナー CLO3D/ Marverous Designer	・クロスシミュレーション 　ソフトウェア ・2次元の型紙をイン 　ポートして3次元に組 　み上げたり、ユーザーが 　インポートした任意の 　マネキン形状に対して 　クロスシミュレーション 　が可能	・2次元基準で制作した型紙を利用した、3D 　デジタルサンプル制作 ・ドレープの挙動や柄の取り位置などの事前 　確認
ライノセラス +グラスホッパー Rhinoceros +grasshopper	・3Dモデリング用ソフト 　ウェア ・グラスホッパーなどの 　プラグインを応用して、 　パラメトリックデザイン 　やアルゴリズミックザ 　インの実践に適して 　おり、拡張性に富んで 　いる	・プログラミングを応用して、ファッションアイ 　テムの形状を制御することができる ・バーチャルファッション、デジタルサンプルの 　データや3Dプリントデータへの応用
フーディニ Houdini	・3Dモデリング用ソフト 　ウェア ・自然界の現象を再現 　するのが得意で、コン 　ピュータ・グラフィックス 　とプログラミングの結び 　つきが強い ・処理手続きが明確 　でわかりやすく、プロ 　セスの履歴改変が容 　易でアルゴリズミックデ 　ザインに向いている	
フュージョン360 Fusion 360	・3Dモデリング用ソフト 　ウェア ・クラウド処理の機能で 　高度な物理演算を必要 　とするモデリングも 　ハイスペックPCでは 　ない環境でも対応可能	・衣服やアクセサリー、靴などの3Dモデル 　制作に利用 ・バーチャルファッション、デジタルサンプルの 　データや3Dプリントデータへの応用

ズィーブラシ ZBrush	・3Dスカルプティング ソフトウェア ・画面上で3Dモデルを 粘土のように彫塑して 3Dモデル制作が可能 ・CGを多用した映画の キャラクター制作に応 用される	・アバターやマネキンの3Dデータ作成
アドビ・サブスタンス Adobe Substance	・3Dマテリアルデータに 特化したツール ・2600種類以上のプリ セットのマテリアル データをパラメータで 制御しつつテクスチャ データを高精細で制作 可能	・デジタルサンプルやバーチャル衣服データの テクスチャの高精度再現
ブレンダー Blender シネマ4D Cinema 4D ユニティ Unity	・3DCGと2Dアニメー ション、VFX向けデジ タル合成ソフトウェア ・物理演算やアニメー ションの制作に適して いる	・ドレープの挙動や柄の取り位置などの事前 確認 ・制作した3D衣服データを応用した、アニ メーション制作

▌例① 3D衣服データの作成：CLO3Dの主な操作方法

1 ）ソフトウェアのインストール

CLO3Dのウェブサイト（https://www.clo3d.com/）でアカウントを作成し、
CLO3Dソフトウェアをダウンロードする。

2 ）アバターのインポート

「ライブラリ」からプリセットのアバターを選択し、3D衣装画面にインポー
トする。「メニュー＞アバター＞アバター編集」から、胸囲やウエスト寸法な
ど細かく数値を設定して、アバターの寸法を調整できる。

または、「メニュー＞ファイル＞インポート」から、ユーザーが所有する任
意の3Dデータをインポートして、アバターとして使用できる図3・2。

3 ）2次元型紙データのインポート

「メニュー＞ファイル＞インポート」からDXF、Ai、PDFなどの形式で、別の2DCADで制作した型紙データを2Dパターン画面にインポートする図3・3。

または「メニュー＞2Dパターン＞作成」より多角形ツールを使用して一からパターンを引くことも可能。

4 ）2次元型紙データの編集

「メニュー＞2Dパターン＞編集」よりカーブ点編集ツールを使用して、縫い合わせる曲線寸法が合うように調整したり、内部図形／線ツールを使用して型紙図形内部にダーツをつくるなどの編集が可能図3・4。

5 ）縫い合わせ設定

「メニュー＞縫い合わせ」より2曲線を選択して3D上で縫い合わせたい型紙線、縫い合わせ方向を指定することができる。長さが違う2曲線を選択していせこみを指定することも可能図3・5。

6 ）ボタンやジッパー、芯地など副資材の設定

「メニュー＞素材」よりボタン、ファスナー、パイピング、ステッチなど副資材やディテールの種類と位置を設定することができる図3・6。

7 ）テクスチャや物性の編集

「オブジェクトブラウザ」と「属性編集」からシミュレーションに使用したい生地の物性や色、テクスチャを指定、インポート、編集することができる図3・7。

8 ）3次元衣服のシミュレーション

「メニュー＞3D衣装＞シミュレーション」より、アバターに布がめりこまないように注意しながら布を着せつける図3・8。

9 ）モーションの追加

ライブラリ＞アバター＞モーション」よりアバターに衣服を着せつけた状態で任意のポーズやモーションで動かすことができる図3・9。

10）3D衣服データの応用可能性

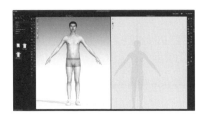

図3·2　CLO3D上のアバター画面

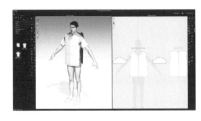

図3·3　作成した2次元の型紙をインポートする

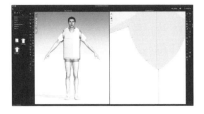

図3·4　2次元型紙はソフト上で編集できる

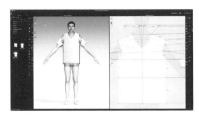

図3·5　型紙の縫い合わせ情報を設定する

図3·6　副資材設定の様子

図3·7　テクスチャデータや物性を反映している様子

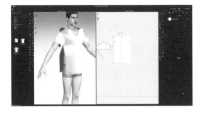

図3·8　シミュレーションの実行

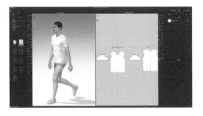

図3·9　アバターを動かすことで衣服の物性を確認することができる

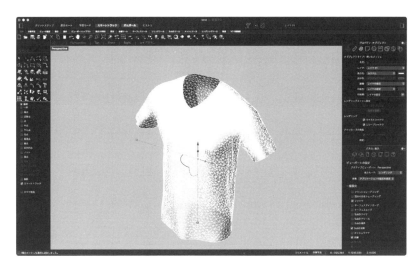

図3・10　アニメーションを他のソフトウェア上で展開することが可能

「メニュー＞ファイル＞エクスポート」よりクロスシミュレーションが済んだアニメーションを書き出して、別の3DCGソフトウェアで展開することができる図3・10。

┃ファッションデザインにおけるコンピューテーショナル・デザインの応用：
アルゴリズミック・クチュールをケーススタディとして

１）事前にCLO3Dなどを使って衣服のオリジナル3Dデータを制作する
ファッションCADを利用して、衣服を3D化する図3.11。

２）オリジナル3Dデータのインポート
システムに衣服の3Dデータをインポートする図3・12。

３）幾何学形状へ近似
アルゴリズムを通して、衣服の3D形状を幾何学形状に近似する図3・13。

４）パーツを合成する
変換されたパーツ群を、縫製可能な数になるよう、合成する図3・14。

５）3次元から2次元への変換

3次元的に並べられた平面図形を、型紙化のために2次元平面上に並べ直す図3・15。

6）CLO3Dを使ったクロスシミュレーション

型紙線データをCLO3Dにインポートし、再度3次元に組み上げてクロスシミュレーションし、シルエットや着用感を検証する。この時、同時に副資材やポケットの追加、縫い代の設定などをして型紙を整える図3・16。

7）ネスティング

遺伝的アルゴリズムを通して任意の布幅に対して限りなく隙間（廃棄面積）が少なくなるように敷き詰めていく図3・17。

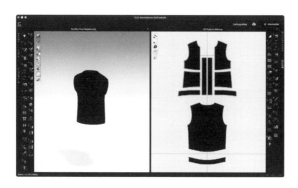

図3・11　事前にCLO3D等を使って衣服のオリジナル3Dデータを制作する

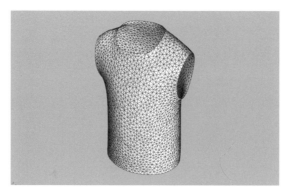

図3・12　オリジナル3Dデータのインポート

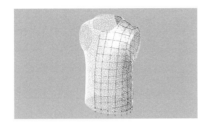

図3·13　幾何学形状へ近似

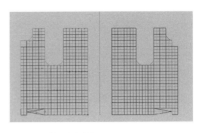

図3·14　パーツを合成する

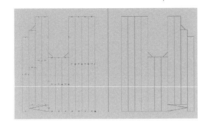

図3·15　3次元から2次元への変換

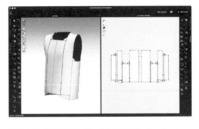

図3·16　CLO3Dを使ったクロスシミュレーション

2873370/1400*2130
95%

図3·17　廃棄の少ない並べ方を算出する

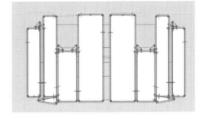

図3·18　型紙が完成する

8）廃棄率を計算する

型紙の面積を全体の使用尺と布幅を掛けた布面積で割って廃棄率を計算、
評価する図3·17。

9）型紙が完成する図3·18。

3.3：プロジェクト

｜Synflux × HATRA：AUBIK —— 布のロスを抑える型紙の自動生成

　コンピュテーショナル・デザインの方法論を応用した実作に、HATRA（ハトラ）とSynflux（シンフラックス）のコラボレーションによるAUBIK（オービック）がある図3・19。AUBIKは、東京を拠点とするブランドHATRAのシグネチャーアイテムであるフーディを、Synfluxが前述のアルゴリズミック・クチュールによってリデザインした一点ものの試作品である。3DCADと機械学習のアルゴリズムを用いて、幾何学のみで構成された型紙を自動生成するシステムを用い、限りなく布のロスを抑えることができた。プロジェクトで生まれた試作品は、2020年にスイス・バーゼルで開催された展覧会「Making Fashion Sense」で発表された[注17]。

　HATRAのデザイナー長見佳祐氏と、Synfluxのメンバーのカジュアルな対話からプロジェクトはスタートした。長見氏は、パリでパターンメーキングを学び、クチュールでの活動経験もありながら、クロスシミュレーションソフトCLO3Dを創作活動に取り入れていた。ソフトウェアを用いた創作手段を模索していたところ、当時、H＆M財団主催のグローバルチェンジアワードでアーリーバード特別賞を受賞した[注18]ばかりのSynfluxの技術に関心を持ち、コラボレーションにつながった。試作はおおよそ1年近くの期間に及んだが、そのあいだ、Synfluxはアルゴリズムによる型紙データの試作やシステムのアップデートを継続し、HATRAは衣服の意匠や構造のデザイン、製造の観点からフィードバックを行った。

　コンピュテーショナル・デザインによる試作において、ソフトウェアでの操作やデータ生成による情報環境上での実験のあとは、物理検証が重要となる。特に、縫製仕様については、ジュンヤワタナベコムデギャルソンでチーフパタンナーを経験し、桐生で縫製工場を営む株式会社フクルや、長見の知見が重要視された部分だ。データとして成立する実験的な試みを実

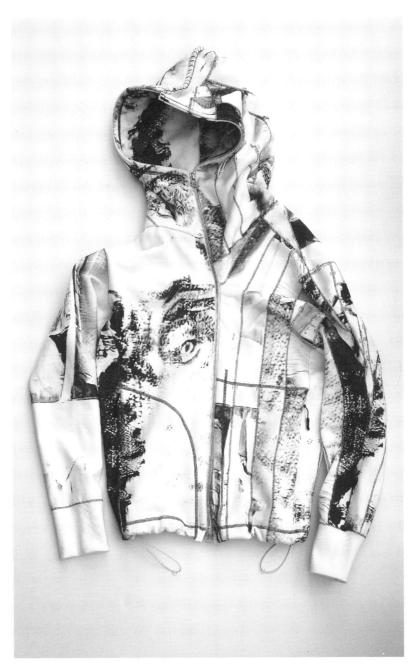

<u>図3・19</u>　SynfluxとHATRAによるパーカAUBIK。限りなく布のロスを抑えた型紙を用いてつくられている。

　　　第3章　最適化するファッションデザイン：コンピュテーショナル・デザインとサステナビリティ

装するためには、工業用パターンの作成や縫製仕様の設定など、製造業が蓄積してきた知見もまた重要となる。

この工程では、廃棄を削減するために縫い代をいかに削減するか、縫製方法など、詳細なディテールや製品として成立させるための諸条件が明らかになった。それらの課題はより効率的に廃棄を削減するためのアップデート要件として反映されていく（図3・20。

試作品が完成する過程で重要だったのは、CLO3Dやパターンデータを共通言語としつつ、情報環境と物理空間のあいだを取り持つ、デザイナーHATRAの役割だろう。長見は「繊維とポリゴン、いずれに偏重することもない翻訳者のような立場」と自らの立場を表現している[注19]。環境負荷低減を目的としたコンピュテーショナル・デザインが、ファッションデザインに浸透するにつれ、デザイナーはアルゴリズムによる形のバリエーションを相手取ることになる。その際に必要になるのは、ファッションデザイナーが従来の専門性の枠から逸脱し、ソフトウェアやアルゴリズムの特性を理解し、デザインに応用する新しい能力である。

図3・20　AUBIKのディティール

3.4：事例

│アンメイド──オンデマンドのカスタマイゼーションOS

　2014年に創業したイギリスを拠点とする「アンメイド（UNMADE）」は、ファッションやスポーツウエアブランドを対象とした、オンデマンド・カスタマイゼーションサービス提供を目的としたスタートアップだ。プロダクトエンジニアであるベン・アラン・ジョーンズ（Ben Alun-Jones）、エンジニアのハル・ウォッツ（Hal Watts）、デザイナーのキルスティ・エミリー（Kirsty Emery）が中心になって立ち上げた。以降、独自のソフトウェアの開発と、ファッションブランドと連携した製品開発に取り組んでいる。3人は共に、ロイヤル・カレッジ・オブ・アートのイノベーションデザインエンジニアリング学科の卒業生で、芸術と工学を横断的に学び、エンジニアリング、プロダクトデザイン、ファッションとそれぞれ異なるバックグラウンドを生かして、起業に至っている。

　当初アンメイドは、独自のEコマースウェブサイトを立ち上げ、エンドユーザ向けにサービスをスタートしていた。ロンドンのニット工場と連携し、ウェブ上でニットウェアの柄を直感的にカスタマイズすることができ、ユーザの改変に基づいたニットデータが工場に送られ、出力・製造されて、製品が届くサービスだ。さらにその後、サービスは「Unmade OS」という仕様に変更された。独自のECサービスを越え、ファッションブランド企業が自社のECプラットフォームに導入可能なアプリケーションとして開発されていく<u>図3・21</u>。

　また、2019年に発表された自転車競技用のユニフォームメーカーであるラファとのコラボレーションでは、デジタルファブリックプリントを用いたカスタマイゼーションを支援する、新しいサービスを開始した。

　さらに2020年には、ニューバランスとのコラボレーションがリリースされた。ユーザはシューズの購入時に、6つのカラーと3つの柄を基準として、直感

図3・21　アンメイドが提供するカスタマイズサービス（出典：https://www.unmade.com/）

的に自らデザインを操作することができる。カスタマイズ体験は、アンメイドが開発した当初のニットウェアカスタマイズシステムによって可視化、サポートされており、改変をリアルタイムに反映する画像レンダリングシステムや、仕様書の作成、工場との連携などが自動的に実施される。

　アンメイドが可能にするユーザのデザインへの参画は、製品への愛着を醸成することによってロングライフの効果をもたらすポテンシャルを持つ。また、オンデマンドを前提とした受注生産サービスは、従来の大量生産・大量消費構造が引き起こす薄利多売の問題に対して、適量生産という新しい選択肢を提示することになるだろう。

┃アンスパン──受注生産を加速させるフィッティングテクノロジー

　2015年に創業したサンフランシスコと香港を拠点とする「アンスパン（Unspun）」は、カスタマイゼーションジーンズのEコマースを開発する

110

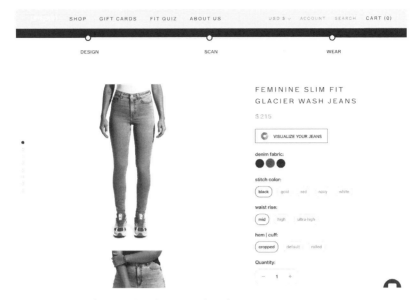

図3·22　アンスパンが提供するジーンズのカスタマイズサービス（出典：https://unspun. io/）

　ベンチャー企業である（口絵p.4）。エリザベス・エスポンネッティ（Elizabeth Esponnette）、ケヴィン・マーティン（Kevin Martin）、ウォルデン・ラム（Walden Lam）らを中心に創業された。繊維科学が専門のエスポンネッティ、ハードウェアエンジニアリングやロボティクスのバックグラウンドを持つマーティンに加え、複数のデザインファームやアパレル企業で企画立案やコンサルティングに携わってきたラムを中心に、ファッションのデザインプロセスを自動化、ローカル化することでCO_2排出量を1%でも削減することをミッションに活動している。

　アンスパンが運営するEコマースプラットフォームでは、自分にあったデニムパンツをできるだけ低いエネルギーコストで注文することができる図3·22。まず、ユーザはデニムパンツのデザインを決定するための「FIT QUIZ（フィットクイズ）」に回答する。そこでは、年齢や体形などの簡単な質問や、好みのテイストやブランドなどを回答することで、提供するデザインが判定、

お薦めされる仕組みになっている。次に、iPhone専用のアプリケーションで自分の身体をスキャンしデータを送信すると、自分用にカスタマイズされたデニムを購入できる。

アンスパンは、最終的に、受注生産と3Dスキャナーの仕様に対応した織り機の開発を目指しているという。ファッションの生産に活用されている織機や編み機は、大量生産・大量消費に最適化されているため、3Dデータなどの新しいテクノロジーとの連動が容易であるとはまだまだ言い難い。ソフトウェアとハードウェアの両面から、ファッションの製造過程をオープンにし、可能な限り廃棄が出ないプロセスを実現しようとするアンスパンの試みに期待したい。

3.5：この人を見よ──CFCL

▌高橋悠介

コンピューテーショナルな創造性と環境負荷の軽減を両立する実践的な取り組みの一例としてCFCLに注目したい。CFCLは2020年に代表兼クリエイティブディレクターの高橋悠介が設立したブランドである。創業当初から、自然環境への配慮や最適な国産素材の選択、サプライチェーンの透明性の追求を前提とした衣服づくりをおこなってきた。3Dコンピューター・ニッティングによって制作されたニットウェアを特徴としたプロダクト展開は、第39回毎日ファッション大賞新人賞・資生堂奨励賞やFASHION PRIZE OF TOKYO 2022を受賞するなど、国内外から評価されている（口絵、p5）。

CFCLの製品のほとんどは、ホールガーメントのテクノロジーが活用されている図3・23。ホールガーメントは、ニット編み機メーカーの島精機製作所が開発したニットマシンである。通常のニットウェアは袖や身頃などの

図3·23　ホールガーメントで製作されたCFCLの代表的なPOTTERYシリーズのドレス（VOL. 4より、提供：CFCL）

図3·24　CFCLのアップサイクルプロダクトに使用した前シーズンの残糸(提供:CFCL)

パーツを別々に出力し、最終的に縫い合わせることによって完成するが、ホールガーメントは1着がそのまま編み機から立体的に編み立てられるため、部材や原料の廃棄を限りなく最小化することができる。この3次元造形を前提とした効率的な一体成形型の手法を用いて、マスカスタマイゼーションや受注生産、最終的には事前に容易に糸を解けるように設計することでリサイクル可能性を向上させることなどが期待されている[注20]。CFCLは、こうしたニッティングの特性を活かしつつ、デザインプロセスにおけるロスを最小限にしている他、前シーズンの残糸をアップサイクルしたサーキュラープロダクトも商品展開している図3·24。

　さらに、製品だけではなくサービスやストラテジーの面で注目を集めたのは、

114

Bコーポレーション（B Corp）の認証を国内のアパレルで初めて取得したことだ。これはアメリカ拠点の非営利団体B Labが運営している認証制度で、環境や社会問題に関する説明責任（アカウンタビリティ）や透明性の基準を満たした企業に与えられる[注21]。

　CFCLの活動は自然環境への配慮と倫理的な生産を経営戦略の中心に置く強い意思表明として注目に値する。こうした経営方針は、ブランドのボードメンバーに持続可能性と戦略担当の役員（Chief Sustiainability & Strategy Officer、CSO）が存在する点にも見て取れる。

　同社は製品やサプライチェーンに関わる定量的な環境影響評価、分析も継続的に行い公表している。その1つ、LCA（ライフサイクルアセスメント）は製品の原料調達から廃棄に到るプロセスにおける環境負荷を定量的に算出する手法だが、CFCLは定期的にリリースするサステナビリティレポートにおいて自社が排出する温室効果ガス量や認証素材使用率などの分析結果を公表している図3・25[注22]。

　他にも、グローバル・リサイクル・スタンダード（GRS）などの基準を満たした素材の使用率を算出したり[注22]、サプライヤーに対してSDGsパフォーマンスガイドラインのアンケートを作成し実施するなど図3・26[注22]、複数の評価軸から現状を理解し、デザインプロセスへ反映しようとする姿勢は参照するべきだろう（再生素材であること、および原料調達から生産段階までの現場で人権が守られていることが認証された生産原料の使用率も58.12から66.34％へと徐々に増加させているという）。ファッションデザインにコンピューテーショナル・デザインが応用されるとはすなわち、効率化を目指す設計工程の中で環境評価がスムーズに実施され、デザイン戦略にすぐさま反映できるということでもある。CFCLの実践は、環境工学の手法を使いこなすことで着実に持続可能性に寄与する環境配慮型の設計を実現し、その結果、ブランドの価値を最大化する次のデザイナー像を示している。

図3・25　1着あたりに使用しているおよそのPETボトル本数（提供：CFCL）

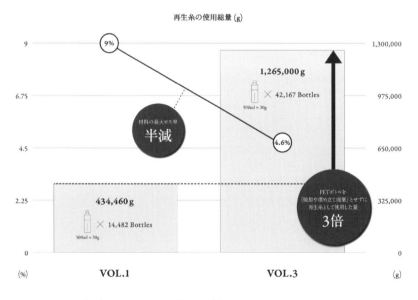

図3・26　CFCLのプロダクトにおける再生糸の使用総量（g）（出典：https://www.cfcl.jp/ja/consciousness/vol3/、提供：CFCL）

［注釈］URLの最終アクセス日は2022年7月12日

注1　Baytar, F., Sanders, E. (2020) *Computer-Aided Pattern Making: A Brief History of Technology Acceptance from 2D Pattern Drafting to 3D Modeling*, Bloomsbury Visual Arts

注2　Rissanen, T., & McQuillan, H. (2016) *Zero waste fashion design* (Vol. 57), Bloomsbury Publishing

注3　大塚美智子（2019）「被服構成学分野の研究の現状、課題、将来展望」『繊維製品消費科学』60（10）, pp.868-870

注4　McQuillan, H., (2020) *Zero Waste Systems Thinking: Multimorphic Textile-Forms* (Doctoral dissertation, Högskolan i Borås)

注5　McQuillan, H., Archer-Martin, J., Menzies, G., Bailey, J., Kane, K. and Fox Derwin, E., (2018) "Make/Use: a system for open source, user-modifiable, zero waste fashion practice", *Fashion Practice*, 10(1), pp.7-33

注6　アンドレア・ボッコ（著）、多木陽介（編集・翻訳）（2021）『バーナード・ルドフスキー：生活技術のデザイナー』鹿島出版会

注7　Subtraction Cutting by Julian Roberts　https://subtractioncutting. tumblr. com/

注8　Lindqvist, R.（2015）*Kinetic garment construction: Remarks on the foundations of pattern cutting* (Vol. 13) Rickard Lindqvist

注9　Atacac　https://atacac. com/

注10　John Maeda（2004）*Creative Code: Aesthetics ＋ Computation*, Thames & Hudson

注11　Nicholas Negroponte (1970), *Architecture Machine,* MIT Press

注12　Gershenfeld, N. A.（2005）*Fab: the coming revolution on your desktop--from personal computers to personal fabrication*, Basic Books（AZ）

注13　Black, S.（2019）"Sustainability and Digitalization", *The End of Fashion, Clothing and Dress in the Age of Globalization*, Bloomsbury Visual Arts, pp.113-132

注14　McRobbie, A.（2003）*British fashion design: Rag trade or image industry ?*, Routledge

注15　Giri, C., Jain, S., Zeng, X., & Bruniaux, P.（2019）"A detailed review of artificial intelligence applied in the fashion and apparel industry", *IEEE Access*, 7, pp.95376-95396

注16　Bertola, P., & Teunissen, J.（2018）"Fashion 4.0. Innovating fashion industry through digital transformation", *Research Journal of Textile and Apparel*

注17　making FASHION sense
https://anarchitekton. ch/en/portfolio/portfolio-details/making-fashion-sense0/

注18　Let us present the Early Bird Winner of 2019- Synfux
https://hmfoundation. com/2019/05/19/let-us-present-the-early-bird-winner-of-2019/

注19　HATRAインタビュー（2021）『Vanitas』007、pp. 8–21

注20　WHOLEGARMENT〈ホールガーメント〉島精機製作所
https://www. shimaseiki. co. jp/wholegarment/

注21　B Corp https://www. bcorporation. net/

注22　CFCLの取り組み
https://www.cfcl.jp/ja/consciousness/

第4章

脱物質化するファッションデザイン：
バーチャルリアリティとサステナビリティ

これまで
> ストリートなどの物理的な都市空間において、工場で製造された衣服を消費者が見て、着用し、人々が出会うことで、表象文化としてのファッションが形づくられてきた。つまり、ストリートが消費行動のみならず交流する出会いの場でもあった。

これから
> 質量を持たないデータとしての衣服を資産として所有するようになり、バーチャル空間上での消費活動が増えていくかもしれない。枯渇する資源利用を最小化する一方で、仮想空間では現実の身体やジェンダーを超越した新たな文化や共同体が形成されるかもしれない。

02

ファッション消費の場が物理空間から仮想空間へ移行した未来

バーチャルファッションが普及した世界。物理空間においては超高機能性が、仮想空間では複数の人格（アバター）を持ちながら複雑で高精細、物理空間では到底実現不可能な情報量を持つ衣服が追い求められる。流行と生産・消費が過剰に栄華するメタバースファッションライフとは？

場所	ジャカルタ
状況	バーチャルファッション・プラットフォーム企業が、自社CMの収録をしている。この企業が対象にする仮想空間では、100-200の複数人格をアバターごとに切り替えて生活する者も現れた。アバターごとに衣服「スキン」を所有するようになると、「情報量」が装飾上の重要な差異になる。複雑なアニメーションや高精細なグラフィックなどが希少価値となる。他方、物理空間においては、気候変動の進行にともない、温度調整やモビリティなど機能性が重要な要素となる。さらに、仮想空間の自分と連動するためのモーションセンサーがついたインナーが流行する。バーチャルファッションブランドは、フィジカル機能服ブランドと差別化しつつもファッション産業でしのぎを削る。
登場人物	主人公はバーチャルファッション・プラットフォーム企業のCEO。50代の実業家で、もともと小ゲーム企業を立ち上げたがメタバース企業へと転身し、アジア最大手へと成長させた。
問い	流行と生産・消費が過剰に盛り上がるメタバース・ライフとは？

　我が社と旧来のアパレルメーカーとの戦いが始まってから何年たっただろうか。メタバースとリアルをまたがるユーザーのリソース、時間や金銭の奪い合いは激化の一途をたどってきた。だが、メタバース消費は拡大し続けており、この戦いに勝利する日も近い。

　我が社のプラットフォーム事業、「WORTH」のCM制作のために私は今日も東南アジア最大のメガシティ、ジャカルタにいる。多様な宗教、倫理観が入り混じるこの街ですら、センシングウェアやインナーが必需品となって久しい。もはや、生きるためにリアルの服を着て、楽しむための服はほぼメタバースに移行したのだ。

　気候変動の影響下、我が社の「WORTH」は多数のサービス展開をするに至った。リハーサルと称して、多言語対応人工音声は自動生成された「WORTH」のCM文句サンプルを読み上げ続けている。このCMが完成するころには、長い夏も終わりに差し掛かっているだろうか……。

　「動作が重くてコマ落ちしますか？……ロードが重くてBANされますか？……初期アバターに飽き飽きしましたか？……ようこそ、WORTHへ。WORTHはクロスプラットフォーム対応・メタバースアイデンティティ生成サービス。お客様のクリプトウォレットを接続し、ガイドに沿ってなりたい自己像を組み立てていくだけ。流行りのミームから気鋭のデジタルアーティストの作品まで、あなたの好みから幅広く選択をサポートします。こちらのマジックリンクから！アクセスをお待ちしております」

　「没個性なアバターに悩んでいませんか？　もっと自分を表現したい？　でもどうしたら…。そんなあなたにはクロスプラットフォーム対応メタバースアイデンティ

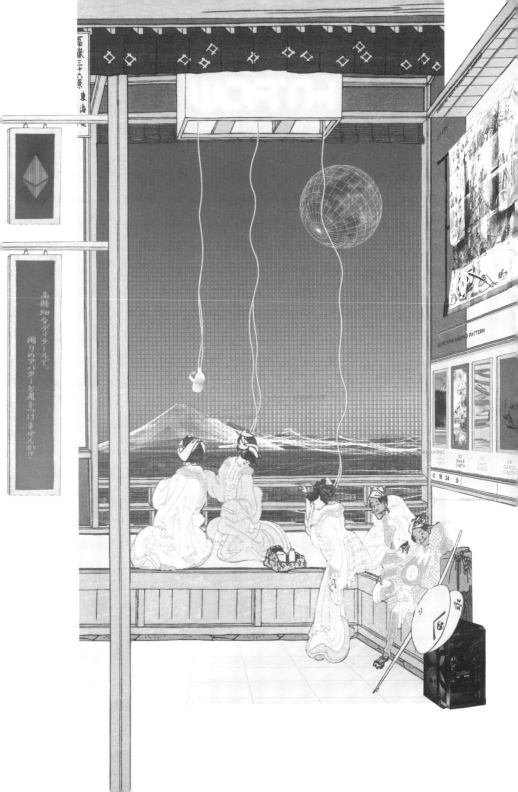

ティ生成サービス、WORTHがお供します。WORTHは何百種類も生成された組み合わせから、ご利用のバースに合わせてあなただけのバーチャル用のファッションMODを生成できます。アクセスはこちらのポータルをくぐってWORTHワールドにお越しください」

「地球環境の変化─────。そのために私たちの衣生活で、何ができるでしょう？ クロスプラットフォーム対応メタバースアイデンティティ生成サービスWORTHは、脱物質ファッションにより、物理的な廃棄を生み出すことなくあなたの創造性を支援します。私たちは環境負荷の低いトランザクションを推進しており、エネルギーウェイストの低いデジタルファッションを目指します」

「VRタイムラインに生きているそこのあなた！ WORTHへようこそ。VRでもおしゃれする楽しさ、忘れたくないですよね。データ容量が気になりますか？WORTHなら、リッチなバーチャルファッションCG表現を、デバイスに無理のない容量でお楽しみいただけます。ご利用はワールドへ飛んできて、クリプトウォレットを接続するだけ。アカウント開設の必要はありません。安全性が高く真正性も担保できる分散型取引により、唯一無二のあなたのアバターを手に入れましょう」

「WORTHなら、あなただけの独自のEMOTEもつくれます。WEBカメラの前で動くだけで、機械学習のシステムにより、あなたの動きをアバターアニメーションに変換します。こちらのマジックリンクから！ アクセスをお待ちしております」

「高精細なディテールで、周りのアバターと差をつけませんか？WORTHなら、

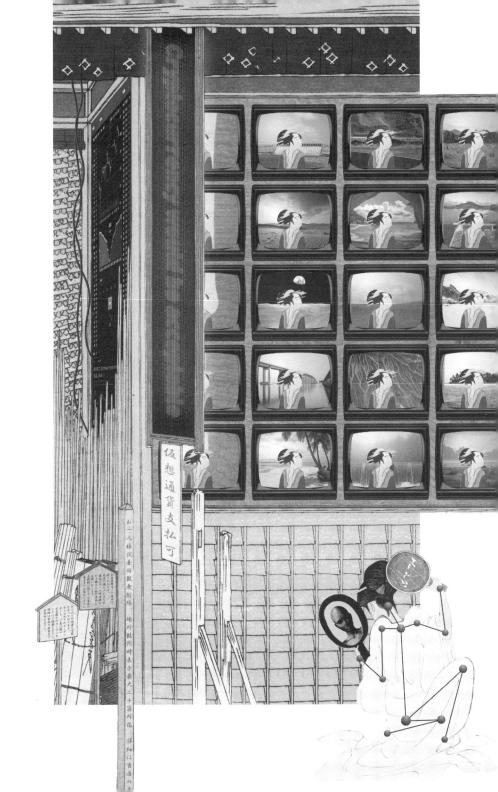

シンプルな計算式から生み出される複雑なフラクタル造形、高精細なグラフィクス表現を、あなたのスキンに宿らせます。VRゴーグルでも目をみはるような美しい表現を、今すぐ手に入れてください。WORTH」

「アバターを200体お持ちのあなたでも、WORTHならバーチャルファション生成アルゴリズムで200通りのスキンが作成できます。あなたはフォーマットとパラメーターを選ぶだけ」

「肉体とのリンクが不安ですか？ そんな欲張りなお客様には、WORTHからEMSスーツのご用意もあります。こちらをご覧ください！ 髪の毛の20分の1の細さの有機導電糸が織り込まれた生地です。……こちら、すごく細いですよね。お客様の体表の微弱な電流を、有機導電糸が感知して、入力信号へと変換しているんです。サイズも今回4型展開でご用意させていただきました。アクセスはお早めに！……」

「弊社のご提供するセンシングウェアは、ジャケット型、Tシャツ型、ワンピース型と、稀な外行きにもご対応可能なパターンをご用意しております。外行きの洋服も、センシングウェアで楽しみましょう……」

4.1：バーチャルファッションデザインのこれまでとこれから

▎賑わい始めた仮想空間、メタバース

モノとしての衣服を着るのではなく、データとしての衣服を身に付けること。

バーチャル・リアリティにおける衣生活はCOVID-19のパンデミック以降に顕在化がそれまでにもメタバース（仮想空間）やブロックチェーンの進展によって用意されてきた。本章では、バーチャルファッションがサステナブルファッションに与える影響を考える。

経済産業省「仮想空間の今後の可能性と諸課題に関する調査分析事業」の報告書によると、「多人数が参加可能で、参加者がアバターを操作して自由に行動でき、他の参加者と交流できるインターネット上に構築される仮想の3次元空間」としてバーチャル空間を定義し、その上で、多様なサービスやコンテンツが流通する領域を「メタバース」と捉えている。例えば「フォートナイト」や「ロブロックス」「あつまれどうぶつの森」といったオンラインゲームやゲーム型コンテンツもメタバースと捉えられることが多い。

いずれにしろ、従来のゲームユーザに加え、これまで参入しなかった多くのユーザがメタバースでの活動を開始しつつある。そこでは物理空間とは質を異にするコミュニケーションやアイデンティティが現れ始めている。とりわけサステナブルファッションに関連して重要なのは、物理資源や在庫を持たない「脱物質化」するファッションが持続可能性に貢献しえる点だろう。

ではバーチャルファッションが、アバターとしての身体をつくったり流行の担い手になるとすれば、そこにはどんな方法があり、どんな創造力が行使されるのだろうか。

| バーチャルファッションにまつわる諸問題

バーチャルファッションの普及と功罪

2019年末に起こったCOVID-19のパンデミック以降、人間生活の多くは都市から撤退することになった。ファッションも例外ではない。緊急事態宣言が発出されれば、百貨店や各商業施設は休業に追い込まれ、首都圏の物理的な経済活動は事実上停止する。ファッションショーやイベントなども中止や延期が相次ぎ、ファッション産業にまつわる経済や文化への影響が懸念された。

一方、サステナブルファッションに関しては、パンデミックによって物理的資源の消費が減少し、有害物質の排出が減少するなど、ポジティブな影響を寿ぐような発言も少なからずあった。トレンド予測の第一人者であるリー・エデルコート（Lidewij Edelkoort）は、「惑星にとっての神の恵み」と言い切ったくらいだ[注1]。

実際、消費対象が物理的製品から無形のデータに移りかわる「脱物質化」によって、環境破壊を覆そうという主張も現れている[注2]。循環型経済を推進する英国拠点の組織エレン・マッカーサー財団は、「物質ではなく、情報を着る」バーチャルファッションを、サーキュラーファッションの戦略の1つに位置付けている。ファッションは製品主導から体験主導へと移行し、結果として環境負荷を軽減する可能性が大きいとしているのだ。

一方で、「ポケモンGO」などの拡張現実サービスを販売するナイアンテックの創業者ジョン・ハンケ（John Hanke）は、利用者がバーチャル世界に過度に閉じこもることが、逆に人間の自由を阻害してしまうと警鐘を鳴らす[注3]。確かに、メタバースは物理資源への依存から解放された新たなファッション体験を創出する一方、そのガバナンス次第では非人間的で閉じた社会を生む可能性も否定できない。

仮想空間特有の社会的相互作用のなかで、着ることへの意欲や喜びが生まれ、創造性の自由度を向上できるか否かは、バーチャルファッションのプ

レイヤーたちが持続可能なプラットフォームや制度の設計に携わることができるかにかかっている。

バーチャルファッションが提供する"新しい体験"とは

　コロナ禍の世界において、情報環境との連動のなかで新しいファッション体験を生み出そうとする動きが出始めている。それが、メタバースにおけるバーチャルファッションの勃興だ 表4・1。

　重要なのはゲーム企業が運営するメタバースとの連携だろう。人間が生活の場をある程度仮想空間に移行したとしても、衣服を着用する機会や目的、場やプラットフォームは変わらず必要だ。そこで現在、盛んにメタバースにおいて「スキン」(仮想の衣服)を身につける機会創出の実験が行われている。ゲーム環境を頻繁にアップデートすることで、ほぼ無限につくりだされるイベント——ハロウィーンのような現実世界にも存在するものから、ゲームの物語世界だけに存在するものまで幅広い——を通して、ゲームをクリアしやすくするかどうかに関わらずスキンを購入、着用し、他者との交流を楽しむ機会を創出するための様々な実験が展開されている。

バーチャルファッションのライフサイクルアセスメント

　さらに、バーチャルファッション界では、「脱物質ファッション」のプラットフォームが勃興している 表4・2。すでに現在、クリエイティブ・コーダーと呼称される人々がプログラミングを通して生成した形状や模様、テクスチャなどが施された「スキン」が様々な暗号通貨で取引されている。つまり、ゲーム開発会社の内部人材や特定のNFT取引サイトに限定されず、「スキン」はあらゆる人が様々な場所で販売することはすでに可能となったのだ。

　脱物質プラットフォームは、自律・分散・協調と呼称される情報技術の特性を反映したインフラやコンテンツの創作支援の場である。近年、Web3

表4·1　2021年におけるメタバースとファションブランドのコラボレーション事例

ゲームプラットフォーム	ブランド
ロブロックス	ステラ・マッカートニー
	グッチ
	VANS
	ナイキ
	トミーヒルフィガー
	フォーエバー 21
	ラルフローレン
フォートナイト	H&M
	バレンシアガ
	ジョーダンスニーカー
あつまれどうぶつの森	H&M
	グッチ
ゼペット	ラルフローレン
マインクラフト	ユニクロ

として普及しているインターネットの新たなパラダイムが勃興している。個人のウェブサイト構築など、黎明期にあたる1990年代から2000年代初頭のWeb1.0を経て、2004年から現在に至るWeb2.0ではソーシャルメディアやブログ、ウィキペディアなどに代表される双方向の情報交換を加速させた。そして暗号通貨やNFTなどのブロックチェーン技術を応用するWeb3では、GAFAなどの巨大プラットフォーム事業者に完全に依存せずとも、各ユーザがデータ保持や収益化などに対して自己主権を持つことができるとされる。そこでは、契約履行管理はコンピュータ・プログラムによるスマートコントラクトによるルールなどに統治される。つまり、「DAO（分散型自律組織、Decentralized Autonomous Organization）」というスキームが活用され、これまで以上に多様な専門性の人材を包摂し、公平な関係性がつくられることが期待されているのだ。

　こうしたDAOに基づくプラットフォームは、バーチャルファッションが生み出すエネルギーコストやその対策に自覚的である。ザ・ファブリカント

表4・2 世界の脱物質ファッションプラットフォーム

企業名	設立年	サービス内容
ザ・ファブリカント The Fabricant	2018	アバターが着用できるスキンのデザインプラットフォームサービス、ファブリカントスタジオ（The Fabricant Studio）を運営。物理製品を販売しないことを宣言し、デジタルプロダクトのみを展開
ドレスエックス DRESS X	2019	ユーザが写真をアップロードするとデジタル衣服が合成された画像をダウンロードできる
デジタラックス Digitalax	2020	DAOによって運営されるデジタルファッションのNFTプラットフォーム
ディマテリアライズド The Dematerialised		スキンNFTの販売プラットフォーム。限定品を多く扱っているのが特徴
ディセントラランド Decentraland		独自のメタバースプラットフォームを運営。ユーザが自分でアバターをアップロードできる。スキンなどが販売されているマーケットプレイスも充実
アーティファクト RTFKT	2021	アーティストなどと積極的にコラボレーションしたアバター作品をNFTとして販売。アバター販売用プラットフォーム「CloneX」を展開、2021年にナイキに買収された
C-01	2022	高精細なアバターをNFTとして販売。チームに整形外科医が参加しており、理想の身体像の制作に関わっているのも特徴

（p.152）はインペリアル・カレッジ・オブ・ロンドンと共同で、従来のファッションとバーチャルファッションのライフサイクルアセスメントの比較調査を公開している[注4]。

　それによれば、Tシャツのサンプル制作をケーススタディとした定量分析で、製造にかかる時間、資源消費、必要なサンプル数、廃棄などにおいて、バーチャルファッションがより効率的であるという結果を導き出した。さらに、ドレスエックス（p.155）もデジタルファッション・サステナビリティレポートを公開し[注5]、既存のファッション消費量の1%を脱物質化することを目標として掲げ、デンマークの年間排出量に当たる3500万tのCO_2を削減できるとしている。

バーチャルファッションを支えるブロックチェーン技術

　仮想空間において安全に取引を行い、バーチャルファッションを楽しむことと関連して注目を集めているのが「ブロックチェーン技術」だ。先のスマートコントラクトのみならず、暗号技術やコンセンサスをつくるアルゴリズムなども含め、あらゆる取引や契約を正確に記述し、製品の信ぴょう性を担保する技術の基礎である。

　実はこのブロックチェーンの始まりは、初期の「ネット市民」が築いたインターネット文化と密接に関係している。2008年に匿名のネットユーザであるサトシ・ナカモトによる論文「ビットコイン：P2P（ピアツーピア）電子通貨システム」が発表されて以降、学術界や産業界問わずブロックチェーン技術や仮想通貨の研究が進められてきた。1990年代初頭にネット上のプライバシー保護を訴えた「サイファーパンク」と呼ばれるアクティビズムや、財産権や表現、主体などの法的概念が適応されないインターネットのアナキズム的性格を指摘した「サイバースペース独立宣言」からも色濃い影響を受けている。スマートフォンやアプリストア、クラウドコンピューティングなどによって進行する一部のプラットフォーム支配には追随しない、ユーザが自分たちで組織し、統治することを志す技術でもあるのだ[注6]。

　では、サステナブルファッションの実現においてブロックチェーンはどのような応用がありうるのだろうか？ アームドとマッキャシーによる研究は、特に主要な導入目的として以下の4点を強調している[注7]。

１）追跡可能性＝衣服がいつ、どこで、だれがつくったのかを明らかにすることができる。ブロックハッシュとタイムスタンプ情報を用いて、追跡情報の履歴を記述することができる

２）安全性＝情報の改ざんはほとんど不可能である。データを削除することもほとんど不可能で、あらゆる変更はトラッキングされる

３）透明性＝分散したユーザがそれぞれのサーバーであるところのノードで台帳を保有しており、編集履歴はネットワーク上での公開情報となる。ユーザ

には編集や検証に関わる権限が与えられる

４）自律性＝スマートコントラクト機能によって、より安全で正確な情報流通を実現することができる。複雑な契約情報がブロックチェーン上に格納され、内容が行使されたことがプログラムによって保証される

　可視性、透明性、情報公開を前提とするテクノロジーとして、複数のファッション企業が合同でブロックチェーンネットワークを運用する事例が生まれ始めている。「ある特定の材料がどこで採取され、加工され、製造されてユーザの手元まで来たのか」を製造業者１社だけで追跡するのは非常に困難である。そこで複数の企業が合同でネットワークを立ち上げ、サプライチェーン全体の追跡可能性を高めるための実験がなされている。さらに、ブロックチェーンは製品やサービスの取引情報や真贋、来歴、評価などのメタデータの管理だけでなく、製品の分割所有や証券化、二次利用の権利再編、唯一性の担保などに応用できるため、その期待は高いとされる。

　ブロックチェーンネットワークには、取引の透明性を担保する技術である分散型台帳で誰もがアクセスでき、投稿や検証が可能なパブリックなものから、参加が許可制のもの、そして権限が限定的なコンソーシアム型と呼ばれるものがある。（すでに運用が開始されたコンソーシアム型ネットワークは表４・３の通り）

ブロックチェーンをめぐる、CO_2排出量の議論

　肝心なのは、ブロックチェーンは実際にサステイナビリティに貢献しているのか、という点である。ブロックチェーンの応用は透明性が高く、管理者だけによる限定的な運営ではなく多くの利用者によるコンテンツを提供できることから、多数の企業のつながりによるサプライチェーン全体を効率的に運用し、認識可能になると考えられる。例えば、温室効果ガス排出量が生地の加工工場でどれ位あるのか、といったことが見えるようになる。一方で、脱物質化だけに限定してブロックチェーンの応用を見てみると、仮想

表4・3　サステナブル・ファッションのためのコンソーシアム型におけるブロックチェーン応用

組織名称	設立年	内容
オーガニックコットン・トレーサビリティ・パイロット Organic Cotton Traceability Pilot	2018	Bext360が技術提供を行い、オーガニックコットンを農場から綿繰り工程まで追跡し、最終的にはその追跡の範囲をエンドユーザーにまで拡大する計画で実施された。 この試験運用では、サプライチェーン全体の情報を統合する安全なデータプラットフォームとして、ブロックチェーンが使用された。その他、マシンビジョン、人工知能、オンプロダクトマーカーなどの技術が、ブロックチェーンに保存されたデータの正確性を確保するために使用されている。ファッション・フォー・グッド、オーガニックコットン・アクセラレータなどの複数の組織や、ケリング、ザランド、C&Aなどの複数のブランドが関与した
シャルジュール・ラグジュアリー・マテリアル Chargeurs Luxury Materials		世界有数のウールサプライヤーで、ブロックチェーン技術に基づき、繊維の品質を保証し、羊から小売顧客までのトレーサビリティを可能にするオーガニカ・プレシャス・ファイバーというラベルを開発
ヒューゴ・ボス×アストラタム HUGO BOSS x ASTRATUM	2019	サプライチェーン全体で製品を追跡し、その真正性を保証するブロックチェーンプラットフォーム「Tracey」を開発
アリアニー・コンソーシアム Arianee Consortium	2020	ブロックチェーン技術をベースにしたアリアニー・プロトコルを用いて、高価で貴重な資産をデジタル認証するための基準の開発を目指す
レンチング Lenzing AG		サステナビリティのパイオニアであるシュナイダーやアルメダンジェルスと提携し、繊維から小売までのトレーサビリティを実現するためのブロックチェーン技術の実験に取り組んでいる
オーラ・コンソーシアム AURA Consortium	2021	LVMH、コンセンシス、マイクロソフト・アジュールが創設したコンソーシアム。製品のトレーサビリティと真正性のためのブロックチェーン技術の応用を検討する。プラダ、カルティエも本コンソーシアムに追随し参加
マルティーヌ・ヤルガード Martine Jarlgaard		ブロックチェーン技術を使用して追跡された最初の衣料品は、マルティーヌ・ヤルガードのジャンパーであった。プロベナンスとア・トランスパレント・カンパニーと提携することで、サプライチェーンを流れる製品に関する情報がブロックチェーンアプリケーションに記録された

アームドエンジェルズ Armedangels	2021	ブロックチェーンソリューションを提供するリトレース ド社は、オラクル・ハイパーレジャー・ファブリック・ブ ロックチェーンプラットフォームをベースに、QRバー コードやNFCチップを利用してサプライチェーン全 体で製品を追跡し、透明性を確保するツールを開発 した。 アームドエンジェルズ、ボイッシュ、CANOなど、多く のブランドが試験的に使用している

出典：Ahmed, W. A., & MacCarthy, B. L.(2021) "Blockchain-Enabled Supply Chain Traceability in the Textile and Apparel Supply Chain: A Case Study of the Fiber Producer, Lenzing", *Sustainability*, 13(19), p.10496を参照、筆者改変・翻訳

通貨やNFTを発行する際の取引データ処理に大量の電力を要するという指摘もある。ケンブリッジ・代替ファイナンスセンター（CCAF）の統計によれば、ビットコインは年間約110テラワットの電力を消費するとされ、マレーシアやスウェーデンなどの年間エネルギー消費量にほぼ相当する、という算出結果を出している[注8]。さらに、ディジコノミスト（Digiconomist）のイーサリアム・エネルギー消費指標（Ethereum Energy Consumption Index）によると、イーサリアムとビットコインを合わせると、タイ全土よりも多くのエネルギーを消費するという統計もある[注9]。

　一方で、『ハーバード・ビジネスレビュー』の記事[注10]によれば、第一に電力消費はCO_2排出量とは異なる計算式によって導かれるため、必ずしも実質的な環境悪化に貢献しているとは言えない、という。さらに、環境負荷軽減のために再生可能エネルギーなどを含むエネルギーミックス（電源構成の最適化）に関する設定ができるなど、有効な反論やポジティブな対策も議論されている。また、仮想通貨やNFTを導入する脱物質ファッションプラットフォームのいくつかは、こうしたカーボン・ネガティブの話題に積極的に応答し、啓蒙活動を実施するものも少なくない。

　イーサリアムのアップデート報告によれば、ネットワークが前提とするユーザ間のコンセンサスモデルをPoW（プルーフオブワーク、仮想通貨をマイニングする人に対する権利を与え、取引などを承認したり取引情報にアク

セス許可をしたりするために「だれか」に承認の役割を割り当てる仕組み）からPoS（プルーフオブステーク、「仮想通貨を多く持っている人」が承認の役割を担う確率が高まる仕組み）へ切り替えることで、特にエネルギーを浪費する暗号通貨マイニングのプロセスが最小化され、限りなく電力消費が少なくなるという。ただし、この他にもエネルギー消費が少ない仕組みにはPoET（プルーフオブエラプストタイム、ランダムな待機時間を参加者全員に対して生成し、「最も待機時間が短いだれか」が承認される仕組み）もあり、どのようなコンセンサスモデルが最適かいまだ議論が継続している領域といえる。サステナブル・ファッションにとって有効な活用方法を検討するためにも、引き続き動向を注視していく必要があるだろう。

4.2：方法と実践

▎仮想世界にSF世界を実装する

　ここでは、Synfluxによる「WORTH――ダイエジェティック・コレクション――撤退線β」のデザインプロセスを振り返りながら、バーチャルファッションの実践において必要な手法や職能について明らかにしたい。

　「撤退線β」は、SF作家の津久井五月と協働でつくり上げた架空の物語に登場するキャラクターに基づき、仮想空間にのみ存在するアバター／スキンと、実物の衣服の双方を制作するプロジェクトである。実際に物理世界の諸条件を仮想環境に再現しようとすると、SF小説のキャラクターデザインからファッションデザイン、バーチャルワールドデザイン、アニメーション、レンダリングといった一連の過程において、様々な演算や処理が必要とされるため、多様なソフトウェア間を行き来する複雑なデザインプロセスが要請される。そこでは、従来のファッションデザインを担う職能のみならず、ハリウッドでVFX（ビジュアル・エフェクツ）の仕事に従事する

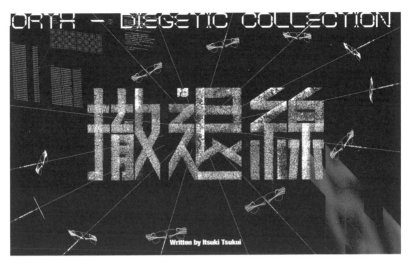

図4・1　「WORTH—ダイエジェティック・コレクション—撤退線 β 」のタイトル画面

表4・4　バーチャルファッションのためのデザインプロセス

プロセス	作業内容
1　キャラクターデザイン	キャラクターの設定、外見、性格、動作をデザインしモデリングする
2　ファッションデザイン	キャラクターが纏う衣服はその背景にある世界観、機能をデザインし、モデリングする
3　ワールドデザイン	制作する仮想世界が依拠する世界観や空間における構成要素を設計し、モデリングする
4　アニメーション	キャラクターや衣服の静的な3Dモデルに対して動きをつける
5　レンダリング	制作した3Dモデルやアニメーションを1つのソフトウェア上で統合し、映像作品やゲーム作品としてまとめる

　CGアーティストやモーションキャプチャーの専門家、アニメーター、モデリストなど領域横断的な協働が必要とされた図4・1。

　バーチャルファッションの実践が、脱物質化された世界における人間像や世界観、コミュニケーション形態までを包括的にデザインすることだとすれば、既存のファッションデザイナーの役割をはるかに超越する。データのやり取りや統合をオーガナイズし、仮想世界のコンセプトをボトムアップにつ

表4·5　バーチャルファッションデザインに必要なツールと職能

名称	ツール	職能
キャラクター デザイナー	Zbrush、 Maya	創作する世界観に基づいて、登場するキャラクターの外見や性格などを設計する
キャラクター モデラー		キャラクターデザインの要件を踏まえて、3Dスカルプトソフトウェアを活用して3Dデータをモデリングする
ワールド デザイナー	Unreal Engine	創作する世界観に基づいて、仮想空間やその構成要素などを設計する
ワールドモデラー		3DCGソフトウェアを使用して、仮想空間をモデリングする
デジタル ファッション デザイナー	CLO3D、 Marvelous Designer、 Substance Designer	創作する世界観に基づいて、キャラクターの服装やその世界観をデザインする
ファッション モデラー		3Dモデリングツールやクロスシミュレーションソフトウェアなどで衣服の3Dデータを制作する
モーション キャプチャー テクニシャン	Unity、 Blender、 Unreal Engine	モーションキャプチャー機材を使用して、物理空間におけるアクターの動きから仮想空間でアバターを動かすためのボーンデータ、アニメーションデータを作成する
アニメーター、 レンダラー		3DCGソフトウェアを使用して、モーションキャプチャーデータやクロスシミュレーションデータを仮想空間において統合する

くり上げるのが、脱物質時代のファッションデザイナーの役割となりそうだ 表4·4、4·5。

┃1. キャラクターデザイン

リサーチ

1）キャラクター設定を考える

制作にあたって、衣服のデザインのみならず、キャラクターや空間を含めた全体の世界観構築を構築するために、SF作家とSynfluxが協働してシナリオを制作した。制作したシナリオ全体の中から、バーチャルファッションの制作に直接関係のあるキャラクターの身体の設定を抜粋してまとめる。

本プロジェクトでは、数百年後の日本に生息する新しい人間像を思索し、キャラクターをデザインした。今回構想したSF世界では、大自然での野生

の生活に回帰するため自らに遺伝子改変を施し、まるで獣のような身体的特徴を手に入れた新人類が登場する。「ケモノ」と名付けられた彼らがどのような生活を送っているかを妄想することで、キャラクターモデリングの根拠となる世界観全体をつくっていく。

2）インスピレーション元を集める

既存の造形物や動物などから、今回の作品に参考やインスピレーションとなる写真、データを収集する。

3）ドローイングをしてキャラクターの見た目を考える

リサーチした内容を元に、ドローイングを繰り返し、3Dに起こす前のイメージを制作する図4・2、4・3。

Zbrushモデリング

1）ベースの形をインポートする

Zbrushに標準で入っている様々な形のベース3D形状から、制作するキャラクターの形状に近いモデルを選択してインポートする図4・4。

2）体のシルエットを造形する

ドローイングを元に、まず身体の輪郭を彫刻する。今回は腕や足、首の長さを伸ばしたり、肩幅や頭蓋骨の骨格を、SFの設定に忠実に変更していった図4・5。

3）ディテールを造形する

顔や筋肉、関節、指、凹凸やシワなどの身体のディテールを細かく彫刻していく図4・6。

4）テクスチャリング

Substance Designerでテクスチャをつくる図4・7。

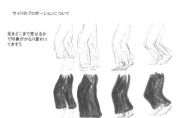

図4・2　キャラクターのルックディベロップメント　　　図4・3　3Dにおこす前のイメージ制作

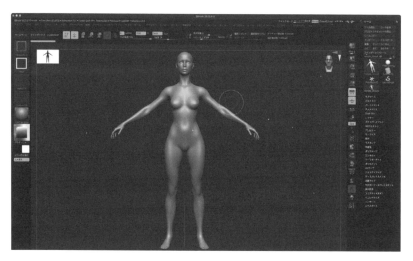

図4・4　Zbrushを用いたキャラクターモデリングの様子

図4・5　Zbrushを用いたキャラクターのシルエットモ
デリングの様子

図4・6　Zbrushを用いたキャラクターのディテール部
位モデリングの様子

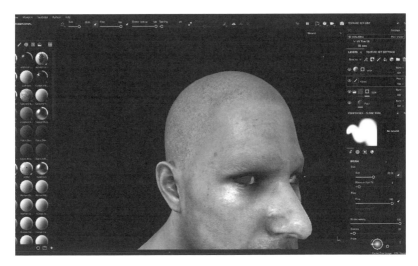

図4·7　Substance Designerでテクスチャをつくる様子

┃2. ファッションデザイン

リサーチ

1）設定を詰める・インスピレーション元を集める

先述のSF作家とのシナリオからキャラクターデザインと同様に、ファッションデザインについても設計要件をまとめる。

2）ドローイングをして服の見た目を考える

SFの設定に基づいて、使用する生地や衣服のタイプ、ディテールなどの細かい仕様などを決定し、ドローイングを繰り返しファッションサイドからも設定を詰める図4·8、9、10。

テクスチャデザイン

1）衣服の生地をバーチャルで再現する

CLO3DやSubstance Designerを利用して、布のテクスチャデータを制作する。柄の画像データと表面の布の凹凸のテクスチャデータを合成して、衣服に使用するテクスチャを制作する図4·11。

パターンメーキング

1 ）クレアコンポやCLO3Dで型紙をつくる

リサーチやスケッチなどを前提に、ファッション用のCADを使用して型紙を制作する。

2 ）CLO3Dを使用して2次元の型紙から3Dデータを制作する

3D化したキャラクターに着用させるために、Zbrushで制作したキャラクターデータをアバターとしてCLO3Dにインポートし、パターンデータをインポートしてから縫製指示を設定し、アバターに服を着せつける図4・12、13、14。

3 ）キャラクタールックデベロップメント

Unreal Engine上でシェーダーを組んでマテリアルの調節を行う図4・15。

┃3. ワールドデザイン

リサーチ

バーチャル空間のデザインにあたって、SFの設定を元に参考になる写真や作品を調査する。今回はそれに加えてランドスケープデザインの専門家を招聘し、植生などの考証も行った。

Unreal Engine モデリング

1 ）空間の構成に必要な3Dモデルを洗い出す

3Dモデル販売サイト上で購入可能な、木や石などの空間に配置するオブジェクトを洗い出し、購入する。

2 ）配置・造形する

Unreal Engine上で購入したオブジェクトデータをインポートし、配置する。今回はアニメーション作品を制作したため、キャラクターの動き方も考慮しつつ木や石を配置した図4・16。

図4・8　ファッションデザインの方法論を用いたキャラクターのルックディベロップメント

図4・9　ファッションデザインの方法論を用いたパンツのデザイン

図4・10　ファッションデザインの方法論を用いたフードのデザイン

図4・11　Unreal Engineを用いてデニムのテクスチャデータを設計している様子

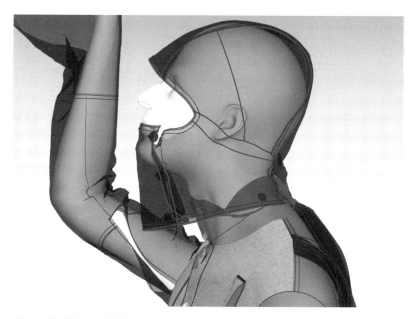

図4・12　CLO3Dを用いた衣服頭部のシミュレーション

図4・13 CLO3Dを用いた衣服全身のシミュレーション

図4・14 CLO3Dで縫い合わせ設定を行い、クロスシミュレーションを実施している様子

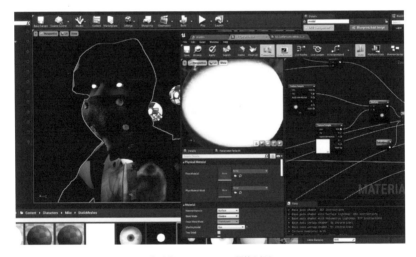

図4・15 Unreal Engine上でシェーダーを組んでマテリアルの調節を行う

4. アニメーション

モーションキャプチャー

1 ）演出・動き・演技を決める

キャラクターがCG上でどのような動きをしているか、SFの設定を考察し
ワールドデザインにて設計したバーチャル空間と見比べつつ、演技を決定
する図4・17。

2 ）撮影

モーションキャプチャーセンサー・設備を用いて、アクターにキャラクターの
動きを演じてもらう。センサーの動きからボーンデータを収録し、その場でモー
ションをデータ化する図4・18。

リターゲティング

Blenderでキャラクターの身体と演技を一致させる

モーションキャプチャーで取得したデータと、キャラクターモデリングデータを
Blenderにインポートし、仕草や関節の動きを合致させる図4・19。

クロスシミュレーション

Marvelous Designer/CLO3Dでキャラクターのアニメーションと衣服のシミュ
レーションを合成するモーションキャプチャなどを通してアバターに動きがつ
いたところで、制作した衣服のデータと合流してアニメーション付きアバターに対し
て衣服を着せつけ、「服を着たアバターのアニメーション」を制作する。

5. レンダリング

Unreal Engineに全てのデータを統合し、レンダリングする図4・20。

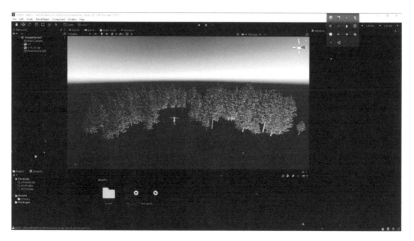

図4・16　Unreal Engineで仮想の森を生成している様子

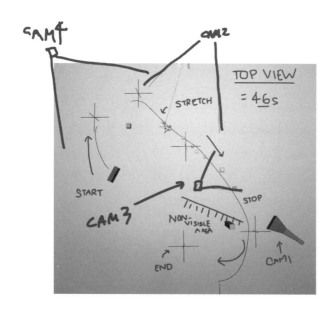

図4・17　レンダリングのための演出資料。Unreal Engine上における映像収録のためのカメラ配置図

図4・18　実際のモーションキャプチャーの現場では専用のスーツを着用したアクターが演技を行い、センサーが動きを読み取る

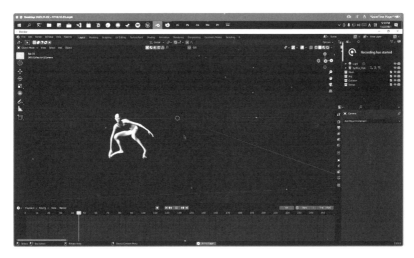

図4・19　Blenderでモーションデータとキャラクターの3Dモデルを連動させるリターゲティング作業

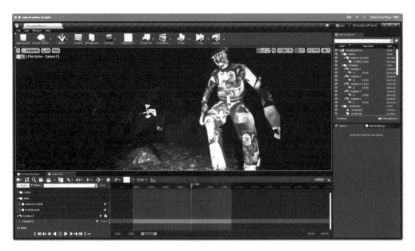

図4・20　Unreal Engineでレンダリングした動画を確認するプレヴィズ画面

4.3：プロジェクト

| ロビン・リンチ ＋ Synflux ―アトラス・オブ・メモリー

　「アトラス・オブ・メモリー（Atlas of Memory）」は、計7点のバーチャルNFTコレクションである。ロンドンを拠点に活動するメンズウェアデザイナー、ロビン・リンチ（Robyn Lynch）[注11] とSynfluxのコラボレーションで実現した図4・21。2021年10月に特別ウェブサイト[注12]並びにNFTプラットフォーム「オープンシー（OpenSea）」[注13]を通じて作品を発表した。

　このプロジェクトは、リンチの家族と彼女の出身地であるダブリンの記憶を機械学習及び3DCGを通じて再解釈し、仮想空間上に再現した。作業の全工程はオンラインで行い、リンチとSynfluxメンバーの他、機械学習エンジニア、アバターデザイナー、3DCGデザイナー、ニットエンジニアを巻き込んで、1年強に及ぶ対話を経て実現している。ここでは計7点のうち、「アッサンブラージュ I ／ホーム（Assemblage I / home）」図4・22[注14]及び「アッサンブラージュ II ／アウェー（Assemblage II / away）」図4・23[注15]の

Atlas of Memory
Robyn Lynch + Synflux
NFT Collection

図4・21 「追憶のアルゴリズム 01（attribute of an algorithm of reminiscence 01）」（動画の1シーン）

図4・22 「アッサンブラージュⅠ／ホーム（AssemblageⅠ / home）」（動画の1シーン）

図4・23 「アッサンブラージュⅡ／アウェー（AssemblageⅡ / away）」（動画の1シーン）

デザインプロセスを詳細に解説する。

　工程は、大きく4つに分けられる。はじめに画像生成段階では、リンチの デザインの出発点とも言える彼女の実父やダブリンといった要素に着目し、 リンチのアナログ家族写真やダブリンのスポーツチームのユニフォーム画像 を収集、機械学習のデータセットを準備した。その後データセットはエンジ ニアの手に渡り、画像生成のアルゴリズムによる学習が数回行われた。生

成結果にはその都度リンチによるフィードバックが加えられた。

　次にデジタル衣服制作段階では、生成された画像群を元にスケッチベースで最終的なデジタル衣服のデザインが決められ、アパレルCADで型紙が作成された図4・24。そしてクロスシュミレーションソフトウェアCLOに型紙データがインポートされ、選定された生成画像を配置図4・25、サイズや位置の調整などを行いながらNFTコレクションの方向性を策定した。その後、選定された画像はニットエンジニアの手に渡り、6色の糸を使用した実際の編みデータへと変換された。編みデータは柄データとしてCLOにインポートされ、よりフォトリアルな表現に近づけるべく、布地のテクスチャデータと共に微調整がなされた図4・26。

　上記と並行して行われたアバターデザインは、3DモデリングソフトウェアZbrushやMayaを通じて行われた。リンチの実父の空気感を維持したアバターを作成すべく、体格や表情をコントロールしながら手動で微調整がなされている。その後、リンチの家族写真から、特にリンチの思い入れの強い部屋を選び、blender上で3次元に再現。家具や小物、照明などが精巧に再現された。そして最後に、blender上に再現された部屋の中にアバターとデジタル衣服が配置され図4・22、23、カメラの画角の決定や色味の微調整ののちに、映像のレンダリングが行われた。そうしてでき上がった映像は図4・21、その後映像編集ソフトウェアを通じて音源と合体、書き出しのプロセスを経て完成している。

　このように、現段階でバーチャル表現を行おうとすると、複数のソフトウェアを介して複雑なプロセスを踏む必要がある。バーチャルファッションの実践を持続可能なファッションデザインに活かすには、ファッション産業のステイクホルダーを巻き込みつつ、デジタルデザインとファッションデザイン間の相互理解・協力関係を促進できるかにかかっている。

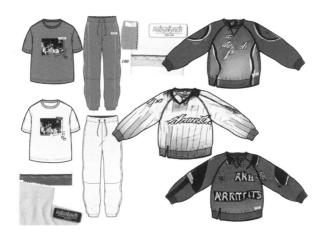

図4・24　ロビン・リンチによるスケッチ（提供：Robyn Lynch）

図4・25　アルゴリズムで生成された画像

図4・26　左の画像を、ニットデザイナー/エンジニアが
ニッティングマシンに対応した「編みデータ」へ変換した
もの（提供：urayutaka）

　　　　　　第4章　脱物質化するファッションデザイン：バーチャルリアリティとサステナビリティ

4.4：事例

| ザ・ファブリカント——デジタルファッションのパイオニア

　ザ・ファブリカント（The Fabricant）[16] は、映画などのビジュアルエフェクトを専門とするケリー・マーフィー（Kerry Murphy）とファッションデザイナーのアンバー・スローテン（Amber Slooten）によって2018年に立ち上げられた、オランダ、アムステルダムを拠点とするデジタルファッションハウスである。衣服は物理的でなくとも存在することを示そうと、デザイン工程をデジタルツール上で完結、仮縫いやサンプル生産なしに廃棄物を出さず、3Dデジタルクチュールのデザイン、アニメーション制作を行っている。

　ザ・ファブリカントが2019年に発表した「イリデッセンス（Iridescence）」ドレス[17] は、ブロックチェーン上で販売された史上初のデジタルクチュールと位置付けられている 図4・27。ブロックチェーン企業ダッパー・ラボ（Dapper Lab）より依頼を受け、ザ・ファブリカントがデザインを施した当ドレスは、2019年のブロックチェーンとイーサリアムのカンファレンス、イーサリアル・サミット（Ethereal Summit）内のオークションにて9500ドルで落札、ザ・ファブリカントが注目を集めるきっかけとなった。他にも彼らは、ブロックチェーン技術を応用したアーテファクト（RTFKT）とのコラボレーションプロジェクト『ルネサンス（RenaiXance）』[18] などの数々のプロジェクトも手がけるだけでなく、CLOやMarvelous Designer用のデジタル・クチュール・アイテムのデータ配布[19]、初心者向けのウェビナーの主催を通じて、デジタルファッションの潮流を牽引している。

　2021年には、ユーザがメタバースでデジタル衣服の取引や着用ができるウェブベースのデザインスタジオ「ザ・ファブリカント・スタジオ（The Fabricant Studio）」[20] を開設 図4・28。これまでデジタル衣服の参入障壁となっていたソフトウェア購入を必要とせず、ウェブサイト上でユーザが衣服をデザインできるプラットフォームを公開した。ユーザによってデザ

図4・27 『イリデッセンス（Iridescence）』（提供：The Fabricant）

　　　　　　　第4章　脱物質化するファッションデザイン：バーチャルリアリティとサステナビリティ

図 4・28 『ザ・ファブリカント・スタジオ』のインターフェイスの一例（提供：The Fabricant）

インされたデジタル衣服はNFTとして、ユーザー間での売買や、ゲーム環境での着用が可能となっている。「ザ・ファブリカント・スタジオ」には独自のトークン「FBRCコイン」が導入されており、各ユーザーの貢献度に応じてプラットフォームの運営にも携わることができる分散型の意思決定の仕組みも実現している。そして、並行して開設されたディスコード（Discord）チャンネルには、ファッション業界からクリプト業界、NFTの関係者が揃い、日々プラットフォームに対するフィードバックや情報交換がなされており、デジタルファッションにおける新たな生態系が構築されているのも特徴的だ。

　ザ・ファブリカントが実践するオープンソース的価値観を前提としたクリエイターコミュニティの醸成は、受動的消費とは異なった新しいファッションの愉しさを提供しており、サステナブル・ファッションと親和性があるように見える。それだけではなく、一切の物理製品を制作しない方針は、環境に負荷を与え続ける既存のファッションを古きものとみなしつつ、脱物質ファッションが次なる可能性であると挑発しているかのようである。デジタルファッションの環境負荷に関するリサーチ[注21]で検討しているように、定量的なエビデンスを元にビジネスを推進しているのも重要な点だろう。

┃ドレスエックス── デジタルウェアのプラットフォーム

　ロサンゼルスを拠点とする「ドレスエックス（DRESSX）」は、2020年にダリア・シャポバロワ（Daria Shapovalova）とナタリア・モデノバ（Natalia Modenova）によって創設された、デジタルコレクションを取り扱うデジタルマルチブランドストアである[注22]。当社は、広告目的のSNS投稿やオンライン会議での着用目的で購入されては、数回の使用後に廃棄されてしまう衣服を代替すべく、デジタルファッションを提案している（口絵p.6）。

　ユーザは、当社が提供するウェブストア及びiOS対応のアプリ[注23]を通じて、画像やビデオ上でデジタル衣服及びデジタルファッションアイテムを着用できる図4・29。その仕組みはまず、ユーザがストア内でデジタルガーメントを選択し、自身の写真をアップロードのうえ決済を完了させると、約24時間以内にデジタルウェアに着替えた写真を入手できるというものだ。提出された写真から、当社独自のデジタルドレッシング技術を通じて、新たなフォトルックがつくられる。さらに2021年より提供が開始したiOSアプリにはリアルタイムでデジタルウェアをまとうことのできるフィルター機能が搭載されている。このサービスはソーシャルメディアの利用が活発なミレニアム世代やZ世代の利用層が多く、所有することなく衣服を楽しむ、新たな所有と消費の方法だ。他方で、デザイナーが衣服の生産ノウハウを持っていなくとも、デジタル衣服の新たな販売場所としてドレスエックスを利用することも可能だ。

　当社の調査によるとデジタルウェアの生産は、実際に衣服を製造するのと比較し、CO_2排出量を97％削減するという。例えばTシャツ1枚を製造する際の平均的なCO_2の排出量は6.5kgであるのに対し、デジタルデータのTシャツのデータ作成と着せつけプロセスでは合計して0.25kgであるそうだ[注24]。さらに、デジタルウェアは精練や染色工程がないことから、飲料水を抜いて水を使用しない。そして、年間の衣服総生産量の1％をデジタル

図4・29　左から）創業者のダリア・シャポバロワと
ナタリア・モデノバのデジタルガーメント着用画像
（提供：The DRESSX）

図4・30　ダリア・シャポバロワによるメタバースファッ
ションブランド、オウロボロス（Auroboros）ボディスー
ツの着用（提供：The DRESSX）

衣服に置き換えることは、5兆リットルの水の節約及び業界の年間CO_2排出
量3500万tの削減を可能にする[注25]。つまり、使用頻度の少ない衣服をデ
ジタル衣服に代替することで、根本的な衣服の生産量の削減が望めるとし
ている。

　そして当社は「買い物を減らさず、デジタルファッションを買おう（Don't
shop less, shop digital fashion）」のモットーを掲げ、これまでの購買体験に
おける楽しさや興奮をデジタルファッションの場へと移すことを提唱している。
実際に、ストアに並んだアイテムは実際の製品より安価な価格設定がなさ
れており、さらに著名なブランドやデザイナーから3Dデザイナーによる
ファッションアイテムが並んでいるため、これまで手の届かなかったデザイ
ナーズブランドや、普段着ないカテゴリー、物理世界では存在し得ないデ
ジタル衣服のメタルックを気軽に楽しむことができる図4・30。今後オンラ
インプレゼンスが増えていくなかで、ドレスエックスがどのようにファッショ
ンの場を拡大していくのか注目していきたい。

4.5：この人を見よ ──クロマ

| 鈴木淳哉・佐久間麗子

　CLO や Marvelous Designer といったクロスシュミレーションソフトウェアの革新によって、スクリーン上で平面の型紙データをミシンで縫製するかのように、より感覚的な衣服設計が可能となっている。

　他方で、これらのソフトウェア上で制作されたデジタル衣服がデジタル世界に限定されず、実用性を持ち物理的に手を通せる、そしてゲームやVR空間でアバターも同様に「着る」ことができるには、未だ課題は多く残る。

　東京を拠点とするファッションブランドのクロマ（chloma）[注26] は、2019年より3Dキャラクター制作ソフトVRoid（ブイロイド）や、ソーシャルVRアプリ「VRChat（ブイアールチャット）」上で、キャラクターやアバターが着用することができるデジタル衣服の販売を行っている（口絵p.7）。クロマは、2011年に鈴木淳哉と佐久間麗子によって創業されて以後、日本の文化的背景を汲んだ「モニターの中の世界と現実の世界を境なく行き来する現代人」のための環境と衣服を提案している。デザイナーの鈴木が予てて

図4・31 　「ブイロイド　ウェアxクロマ」左がデジタル製品、右がリアル製品（提供:クロマ）

からアニメやゲームに関心があり、モニター越しの世界に魅了されたことがブランド発足のきっかけとなったという。

　近年クロマは、2019年のピクシブ（pixiv）主催のVRoidとのコラボレーションプロジェクト「ブイロイドウェア×クロマ（VRoid WEAR × chloma）」注27を皮切りに、アバターのための衣服の制作および販売を開始している。とりわけ前述のプロジェクトでは、購入者がクロマのリアル製品「Y2Kアノラック」ジャ

図4・32　「クロマ　バーチャルストア イン ゴーストクラブ」に出展されたアバター用のシェルターコート（左）と実際のシェルターコート（右）（提供：クロマ）

ケットを受注予約すると、同様のデザインが施されたVRoidモデル用のデジタルウェアを特典として受け取れるという試みだ。それまでVRoidモデルの衣服は、複数の衣服テンプレートのテクスチャを書き換えることで新たなデザインが生まれ、売り買いされてきた背景を持つが、このプロジェクトでは実際の製品とVRoid用の衣服のデザインが対となり、新たな形状のVRoid用衣服の形状が提案されている図4・31。

　さらにクロマは、2020年からはソーシャルVRアプリ「VRChat」上でバーチャルストアを展開している。バーチャルストア「クロマバーチャルストアーリビング・イン・ア・バブルー（Chloma Virtual Store - Living In A Bubble -）」では、訪れた人が自分のアバターに合わせるかたちで、ストア内で実際のコレクションアイテムが着用可であった注28。さらに翌2021年には、同アプリ上のクラブワールド「ゴーストクラブ（GHOSTCLUB）」注29にてバーチャルファッション・ストア「クロマ　バーチャルストア イン ゴーストクラブ（chloma Virtual Store in GHOSTCLUB）」を開催している。

図4・33 「クロマ　バーチャルストア イン ゴーストクラブ」の様子（提供:クロマ）

初期のストアがVRoidに依拠したアバターウェアを取り扱っていたのに対し、「ゴーストクラブ」ではより多くのアバターが着用できるよう、汎用性を持ったウェアへと更新がなされている。その制作プロセスは、CLOで製作した3Dモデルをベースに、blenderなどのソフトウェアによる最適化を行うというもので、これによりストアに来訪したアバターがその場で衣服のサイズを調整することが可能となっている。

　こうしたクロマのデジタル空間と現実空間をつなぐ試みは、仮想空間でのインスタレーションや購買体験、そして装いを拡張する兆しであると言えるだろう図4・32、33。

［注釈］URLの最終アクセス日は2022年7月12日

注1　A design trends forecaster calls the coronavirus,"an amazing grace for the planet"
https://qz.com/1812670/a-design-trends-forecaster-calls-the-coronavirus-an-amazing-grace-for-the-planet/?utm_source＝core77. com&utm_medium＝twitter
注2　Ellen MaCarthur Foundation (2022) *Circular Design for Fashion*, Ellen MaCarthur Foundation Publishing

注3　メタバースはディストピアの悪夢です。より良い現実の構築に焦点を当てましょう
https://nianticlabs. com/blog/real-world-metaverse/?hl＝ja

注4　Xiong, Y.（2020）The comparative LCA of digital fashion and existing fashion system: is digital fashion a better fashion system for reducing environmental impacts?
https://static1.squarespace.com/static/5a6ba105f14aa1d81bd5b971/t/5fa3da036d-618612a18b5703/1604573714045/RAW＋Report_v2.pdf

注5　https://dressx. com/pages/sustainability

注6　De Filippi, Primavera, Wright, Aaron（著）、片桐直人・栗田昌裕・三部裕幸・成原慧（訳）（2020）
『ブロックチェーンと法―〈暗号の法〉がもたらすコードの支配』弘文堂

注7　Ahmed, W. A., & MacCarthy, B. L. (2021) "Blockchain-Enabled Supply Chain Traceability in the Textile and Apparel Supply Chain: A Case Study of the Fiber Producer, Lenzing", *Sustainability*, 13 (19), p.10496

注8　Cambridge Bitcoin Electricity Consumption Index by Cambridge Center for Alternative Finance
https://ccaf.io/cbeci/index/comparisons

注9　Ethereum Energy Consumption Index
https://digiconomist.net/ethereum-energy-consumption/

注10　How Much Energy Does Bitcoin Actually Consume？
https://hbr.org/2021/05/how-much-energy-does-bitcoin-actually-consume?utm_medium=e-mail&utm_source=newsletter_weekly&utm_campaign=weeklyhotlist_not_activesubs&delivery-Name＝DM131722

注11　https://www.robynlynch.co.uk/

注12　https://atlas-of-memory.synflux.io/

注13　https://opensea.io/collection/atlas-of-memory-robyn-lynch-synflux

注14　https://opensea.io/assets/0x495f947276749ce646f68ac8c248420045cb7b5e/6826093441330386
8061995619560468845331391446561775905956963016413660781215745

注15　https://opensea.io/assets/0x495f947276749ce646f68ac8c248420045cb7b5e/6826093441330386
8061995619560468845331391446561775905956963016414760292843521

注16　https://www.thefabricant.com/

注17　https://www.thefabricant.com/iridescence

注18　https://www.thefabricant.com/blog/2021/4/14/presenting-renaixance-an-exploration-of-the-possible

注19　https://www.thefabricant.com/ffrop

注20　Xiong, Y. (2020) The comparative LCA of digital fashion and existing fashion system: is digital fashion a better fashion system for reducing environmental impacts?
https://static1.squarespace.com/static/5a6ba105f14aa1d81bd5b971/t/5fa3da036d618612a18b5703/1604573714045/RAW＋Report_v2.pdf

注21　https://www.thefabricant.studio/

注22　https://dressx.com/

注22　アプリ：https://dressx.app.link/website

注23　https://dressx.com/pages/sustainability

注24　https://docsend.com/view/kd4zcgw3zui33sta

注25　https://wwd.com/fashion-news/fashion-scoops/dressx-announces-additional-fundraise-1234942229/

注26　https://chloma.com/

注27　https://vroid.com/whttps://vroid.com/wear/chlomaear/chloma

注28　https://vrchat.com/home/launch?worldId＝wrld_a4e621e9-affc-49f7-947d-5796b4d758d3

注29　https://xn--pckjp4dudxftf.xn--tckwe/

第**5**章

循環化するファッションデザイン：
新品であること以外の価値を生み出せるか？

これまで | 店頭での接客も、購入後の修理やメンテナンスも、サービスはあくまで「新製品を消費者に継続して購入してもらう」手段として位置付けられてきた。

これから | ファッションが提供するサービスは多様化する。アルゴリズムに基づく接客に始まり、製品の販売ではなく使用期間を購入することや、古着を回収し再資源化するサービスが台頭するかもしれない。

03

生活廃棄物が価値を持ち、
家庭ごみや食料残渣、排泄物までもが衣服の素材や
部品として重要な通貨となった未来

排泄物や家庭ごみが巡り巡って衣服となって戻ってくる行政サービスが普及した都市。回収された食糧残渣は市街地の外縁にある処理施設に送られる。そこでは虫がゴミを食べ、魚が虫を食べ、魚の皮がレザー商品となる、究極のハイパーサーキュラーサービスを支えるエコシステムが設計されていた…。

場所	都市部で回収した廃棄物は地方の工場地帯に送られ、そこは生ごみ処理場＋テキスタイル工場になっている。消費者が、野菜かすをまとめてゴミの日に回収サービスに出すと、処理施設に運ばれ、虫がゴミを食べ、魚が虫を食べ、魚の皮がフィッシュレザー商品となって手元に戻ってくる。
登場人物	サーキュラーサービスを利用する、地方部から都市部へ転居してきた一人暮らしの若者
問い	もしも排泄物や家庭ごみが巡り巡って衣服として戻ってくる行政主導のサーキュラーサービスが実装されたら？

01
02
03
04

temperature:
26 degree Celsius

moisture
56%

TOTAL(710 L)

CAPACITY(47...

...G

...ACITY(478L)

EZER CAPACITY(232L)

...°C

01

02

03

　私がこの騒がしい街に引っ越してきて、半年が経とうとしている。新しい部屋にも馴染み、やっと「一人暮らしらしい」生活ができるようになった。

　私は帰宅後、買い物袋を玄関脇に下ろし、靴を脱いでキッチンへと向かう。手を洗うとさっそく買ってきたばかりの野菜を剥いて夕飯の支度を始める。引っ越してきた当初、食料残渣を「生ごみ」として出すのが私は嫌で仕方なかった。かつて私が住んでいた場所では、野菜かすは畑の土や庭のコンポストにまぜて再利用できていたし、そこから偶然に見知らぬ花が咲くこともあって、愛おしいと思っていた。私は家庭用コンポストを設置しようと考えたが、私の家は狭く、植物を育てる庭もなければコンポストを置く場所すらなかった。ここに引っ越してきてから、食料残渣は、価値ある行き場を用意してあげられない「ゴミ」に成り下がってしまった。

　しかし3ヶ月前、私の住む街に行政主導のハイパーサーキュラーサービスが実装された。それ以降、生活の中から出る様々な食料残渣が価値あるものとして再利用され、私にも還元されるようになった。今、私は週に2回、燃えるゴミとは別にこの街専用の食料残渣を集める水切りバケツを使って生ゴミを回収に出している。このバケツに入っている生ゴミの重さや体積に応じて、私はポイント還元を受けられるようになった。バケツには各家庭から出る生ゴミだけではなく、市場で売り物にできなくなったものも投入されており、事業ゴミを出す側にもメリットは生じているらしい。

　私が調べたところ、バケツに入れられた大量の生ゴミ—ここでは生エサと言われている—は、市街地の外縁にある処理施設に運ばれる。処理施設は、大きく分けて4つのユニットによって構成されている。

第1ユニット：愛の巣（ラブ・ケージ）

ここでは毎日何億もの小さいアブが生産管理されている。「愛の巣（ラブ・ケージ）」と呼ばれる1m四方の立方体型のネットの中には、水飲み場と木のベッドが用意され、その上で何億ものアブが交尾をして木の板に卵を産みつける。1週間もするとネットの中のアブは大抵死期を迎え、世代を交代する。ネットは片付けられ、愛を育んだ木の板は餌の入ったトレイの上に粛々と敷かれる。ちょうどその頃、時を同じくして板に産み付けられた卵が孵化し、トレイに落ちる。トレイには60万から80万匹の幼虫が産まれ落ち、「孵化の雨（ハッチング・シャワー）」が降り注ぐ。3人の飼育員は餌と幼虫をふるいにかけて分類し、重さを測って仕分けされ、次のサイクルへつながれる幼虫と、第2ユニットへ運ばれるものがセパレートされる。2〜3週間ほど経つと、幼虫は変態前に差し掛かる。その頃には、幼虫たちは土の入ったトレイに移動され、有機的な布団の中でサナギへと姿を変える。「安静期（ダーク・エイジ）」に入った選ばれし虫たちが真っ暗にしたラブ・ケージへと移され、孵化の時を静かに待つ。そしてまた愛の時間へと円環がつながれるのだ。

第2ユニット：生エサ処理パレット

回収された生エサの多くはここに集約され、ハンマーミルを使って粉砕される。絞り機で水分をさらに取り除き、無数のパレットに分けられる。パレットは換気のよいように何層にも重なった金属の棚に格納され、第1ユニットから運ばれた幼虫たちが活躍する時間になる。幼虫たちは2週間かけて3回餌やりをされ、かつて生ごみだったものを貪欲に処理していく。

エサを食べ尽くして太った幼虫たちは、第3ユニットへと運ばれる。

第3ユニット：養殖池

10m四方の養殖池には、レザー採取に適するように皮膚を遺伝子編集された淡水魚が50匹程度ずつ飼育されていて、生エサを食べて太った幼虫たちが容赦なく投げ込まれる。そしてレザーフィッシュたちへと命がつながれるのだ。

レザーフィッシュは哺乳類や爬虫類に似た皮など用途に応じて様々な質感を持ち、さらにはヒレが小さく、効率的に太るよう、生まれる前から設計されている。

第4ユニット：肉・皮革加工ユニット

皮を十分採取できるくらいまで育てられたレザーフィッシュは収穫され、作業員が肉と皮に切り分ける。レザーフィッシュの肉は人間や動物が食べるために加工・販売される一方、皮は剥ぎ取られ、乾燥・なめしの工程を経てレザー工場へと出荷される。レザー工場から出荷された皮革は衣類や雑貨などに応用され、私の所持するポイントと交換することができる。

私がしぶしぶ出していた都市型の生分解性廃棄物も、様々なフィッシュレザー製品として自分の生活へ巡り巡って戻ってきてくれるようになった。人気デザイナーのフィッシュレザー製品に還元することも、そのうち可能になるだろう。

私は、かつての暮らしで得ていた「花が咲くよろこび」を取り戻したような気がして、とても気に入っている。

5.1：サービスデザインのこれまでとこれから

┃モノの販売だけに頼らない「サービスデザイン」

サービスの語源serveは、「奉仕」「給仕」「用役」といった意味を持つ。古代の奴隷制度における労働力に始まり、ローマ時代には公共への義務的あるいは名誉のための参加、また、中世の宗教行事など共同体への参加といった側面があった[注1]。だが、近代以後は大量生産・大量消費への参加、という産業的視点に取って代わられている。大量生産の論理はサービス効率を最大化すると同時に、個人とサービスのつながりを断片化してしまった。奉仕、義務や名誉、共同体への参加から、人々の間のコミュニケーションは「取引」へ、公共的なサービスは「資源分配」へ、といった具合である。

こうしてビジネスの様態としてサービス・マーケティングが台頭し[注2]、「サービスデザイン」が語られ始める。サービスデザインにおけるデザインの対象は様々だが、その1つが「製品サービスシステム」（Product Service System、以下PSS）と称されるもので、物理的なモノを減らし環境によいビジネスを成立させようとする領域である[注3,4,5]表5・1。

表5.1　8種の製品サービスシステム（PSS）の分類

製品志向型サービス モノを消費者が所有しつつ、上手に使いつづけるためのサービス	製品に関するサービス 提供者は製品販売だけでなく、製品の使用段階で必要とされるサービスを提供する。例えば、保守契約、融資制度、消耗品の供給のほか、製品が寿命を迎えたときの回収や撤去契約などが挙げられる。 例）自動車購入時の付帯サービス
	アドバイスとコンサルティング 販売された製品に関連して、提供者はその最も効率的な使用に関するアドバイスを行うことで対価を得る。例えば、製品を使用する組織に対するアドバイスや、製品を使用している工場の物流最適化などが含まれる。 例）大型機材を購入した際の付帯サービス

利用志向型サービス モノを消費者が所有するかわりに、利用するごとに支払うサービス	**製品のリース** 製品は提供者が所有権を持ち続けるが、多くの場合、提供者が保守、修理、管理の責任を負う。ユーザは製品使用に対して定期的に料金を支払い、通常はリースされた製品に無制限かつ個別にアクセスできる。 例）法人向けパソコンリース **製品のレンタル、シェア** 製品は一般的に提供者が所有し続け、提供者が保守・修理・管理の責任も負う。ユーザは製品の使用料を支払うが、製品のリースとの主な違いは、ユーザが無制限かつ個別にアクセスできない点や、他の人が他の時間帯に製品を使用できる点、同一の製品を異なるユーザが順次使用可能である点などがある。 例）レンタカーやシェアライドサービス **製品のプーリング（共有管理）** 製品のレンタルやシェアに類似するが、ここでは製品の同時使用が可能である。 例）個人のクローゼットにある衣類シェアサービス
結果志向型サービス モノを消費者は所有せず、受けるサービスの結果にのみ対価を支払う	**アクティビティマネジメント／アウトソース** 企業の活動の一部を第三者に委託すること。アウトソーシング契約には、サービスの品質を管理するための指標が含まれていることが多いため、結果重視型サービスに分類している。 例）ケータリングやオフィス清掃のアウトソーシング **ペイ・パー・サービス・ユニット** ユーザはもはや製品を購入するのではなく、使用レベルに応じた製品のアウトプットを購入するだけである。 例）コピー機。この場合、機能維持に必要な全ての活動はメーカーが引き受ける **機能的結果** 提供者はユーザと合意の元、機能的結果のみ提供する。どのように結果を提供するかは提供者の自由である。 例）ガスや冷房機器ではなく「オフィスの快適な環境」を提供する企業や、農薬を販売するのではなく「農家に最小の収穫ロス」を約束する企業など

出典：Tukker, 2004を筆者翻訳、再作成

　PSSは保険や保証、メンテナンス、アップグレード、修理、回収などの製品やサービスを含む網羅的なデザインで、理論上、経済を動かすこととエネルギー消費を切り離すことができる可能性がある。だが、2002年に行

表5-2　スウェーデンのファッション企業9社におけるPSSの事例

消費サイクルにおける段階	活動	PSSの種類
購入	持続可能な材料で衣服を製造、提供する	PSSには該当しない
購入、利用	4日間、正価の15-20%で衣服をリースする	利用志向型PSS
	3-7日間、特定の衣服をシェアする	
利用	洗濯に関するアドバイス	製品志向型PSS
	お試しに関するアドバイス	
	無償修理	
廃棄	店舗内自社ブランド製品の回収	製品志向型PSS
	店舗内不特定ブランド製品の回収	
	店舗内不特定ブランド製品の回収（慈善事業者との共同）	
	郵送による不特定ブランド製品の回収（慈善事業者との共同）	

出典：Stal&Jansson（2017）を翻訳、再作成」https://www.diva-portal.org/smash/get/diva2:1068622/FULLTEXT01.pdf

われた研究結果によると、PSSによる環境改善への貢献は小さいことが明らかとなった。そこで、今日では経済、環境、社会倫理の3つの柱を対象とする「持続可能なPSS」（Sustainable PSS）などが研究されるに至っている[注6]。製品サービスシステムは様々な業界で導入が検討されてきたものの、依然として成功事例は多いとはいえない。その理由として、製品サービスシステムの導入には利害関係者間の連携が前提となるため、従来のビジネスモデルの変化に対する抵抗感が大きいことが挙げられる[注7]。

　例えば、ファッション産業におけるPSSとして「循環型サプライチェーン」（CLosed-Loop Supply Chain, 以下CLSC）という製品の返品、リサイクル・回収、再製造、再販などの物流全体を統合する考え方がある[注8]。CLSCは、製品のライフサイクル全体にわたって価値創造を最大化するため、そのシステム設計の対象は素材や衣服のデザインに加え、リサイクルシステムなどを含む巨視的視点が必須だ。また、その実行者となるデザイナー、バイヤー、故繊維回収業者、再資源化処理業者など、複数の利害

関係者が関与し連携することも欠かせない[注9]。では、実態としてどう企業は実践しているのか。スウェーデンのファッション企業を対象にしたケーススタディによると、消費者と新たな製品に対する責任のあり方を模索する製品サービスシステムの導入事例が明らかとなった<u>表5・2</u>[注10]。

　一方、回収システムがあるからといって過度な消費は正当化できない。つまり消費量そのものをめぐる課題が依然として残るものの、これからのファッション・アズ・ア・サービスは次のように整理できる。

1）物的消費の低減：大量に売る、買う、捨てるから、ビジネスとして成立しうる貸す、借りる、直すためのサービス、あるいは脱物質化をめざすバーチャル・ファッションのためのサービス

2）廃棄資源の循環化：希少資源の最大化から余剰資源の最適化を経て、廃棄対象となる資源に価値を見出し、回収で直接的、ないしは間接的に収益をあげるためのサービス

5.2：方法と実践

｜サービスデザインの方法とツール

　サービスデザインは特定の文脈（例えば、いいレストランを旅先で探して予約したい、手軽に映画を家で見たいなど）にいるユーザと、それに関わるサービス提供者の双方に最適化した「体験」を生み出すプロセスである。従って、配達時間が選べないといった部分的な要素の1つですら不備があると、サービス全体が機能不全になる恐れがある。配達時間を指定できるようにするために配達業者に無理を強いたり、配達料が加算されれば、ユーザにとっても提供者にとってもいい体験にならない。そこでサービスデザイナーは、ユーザが体験したいことと、サービス提供者が無理なく適切に対応できること、これらを実現するために様々な利害関係者も含めたマクロ

な視点、そしてユーザの体験における「顧客接点」のようなミクロな視点をもつことが必要となる。

　ここでは、サステナブル・ファッションのためのサービスデザインとしてレンタル、再販、回収サービスをどのように検討すればよいか、それを導く2つのガイドをまず紹介する。

｜サステナブル・ファッションのためのサービスデザインのガイド

　ウェブサイト「サステナブル・ファッション・ツールキット」では、2004年以後に発表された250超の資料が無償閲覧可能だ。「化学物質、気候変動、サーキュラーエコノミー、人権＆労働、素材、SDGs、サプライチェーン、水資源」と資料のテーマごとに、あるいは「問題定義、計画、実行、監視評価、報告」と資料の目的に応じて資料を検索できる。だが、初学者からするとあまりの情報量のため、何から見たらよいのかわかりづらい。

　そこで、本書では初学者にとっても有益と考えられる、2つのPSSとしてのサステナブル・ファッションに関するガイドを解説したい。

1）レンタルと再販サービスの始め方──サークルエコノミーのサーキュラーツールボックス

　サークル・エコノミー（Circle Economy）は2011年に設立された非営利団体である。アフリカの国定公園や保護地域の保護支援活動を行うNGO「アフリカン・パークス」のチェアマンなどを務めるロバード・ヤン・ヴァン・オグトロープ（Robert-Jan van Ogtrop）が創設した。サークル・エコノミーが提供するサーキュラー・ツールボックス（Circular Toolbox）は、4つのブランドによって企画立案された循環型ビジネスモデルの経験を元に作成された。「10ヶ月でレンタルまた再販サービス事業をデザインし、試験運用するための各段階のまとめ」として、2021年4月に発表されている。このツールボックスは、あらゆる規模のファッションブランドが対象で、ブラン

ドがブランドイメージや既存の顧客を維持しつつ、新たな循環型ビジネスモデルを試験運用できるよう支援する目的で作成された。約10ヶ月で試用できるようになるための詳細なステップは、全体が5段階で構成され、段階ごとに対象者と独自開発されたツールが指定されている表5・3[注11]。

表5・3　10ヶ月でレンタル・再販サービスを運用するための「サーキュラー・ツールボックス」。各段階で使用されるツール

1：はじめに

A. 循環型ビジネスモデルの緊急性を理解する		所要時間	1時間30分
使用ツール	**循環型経済に向けた主要要素**：自社の現段階での循環型経済に向けた取り組みの評価及び今後の戦略の決定を行う		
対象	コア・チーム		

B. 循環型ビジネスモデルを理解する		所要時間	1時間15分
使用ツール	**衣服インタビュー**：製品の使用法や頻度、組成を理解し、再販やレンタルモデルへの適合性を検討する		
対象	コア・チーム		

C. 上司からの承認		所要時間	1時間
使用ツール	**社内覚書**：プロジェクトの範囲、目標とする成果、それらを行うために必要な資金と人材の定義を行う。これにより、初期段階からシニアレベルの管理者のコミットメントを望むことができる		
対象	プロジェクトリーダー		

D. チームを選択し、理解を深める		所要時間	1時間
使用ツール	**チームキャンバス**：各メンバーのスキルやモチベーションを知り、信頼関係を築き、共通の目標や作業方法を確立する		
対象	コア・チーム		

E. 目標と成功基準の設定		所要時間	45分
使用ツール	**サーキュラービジネスモデル成功評価キャンバス**：自社、顧客及びインパクトの目標を決定する		
対象	コア・チーム		

2：ターゲット顧客と市場の理解

A. ターゲットとなる顧客や市場の特定と理解		所要時間	9時間30分
使用ツール	**リサーチ・ウォール**：段階的に市場と顧客に関するリサーチを行いマップに統合する **ケーススタディ評価ダイアル**：既存のレンタル・再販モデルのケーススタディを行い、自社ブランドとの相性を判断する **顧客ペルソナ**：新規ビジネスモデルにおける潜在的な顧客の属性や職業、ペイン、ゲインなど計11項目を検討する **価値提供ステートメント**：自社の製品やサービスが、特定の顧客グループの特定のニーズに対し、新たなモデルを通じて苦痛の緩和ないし利益の向上に繋がるのか、具体的に示す		
対象	個人 / コア・チーム		

B. 顧客と市場のインサイトの獲得		所要時間	3時間
使用ツール	**主要な洞察の生成**：テーマごとに調査データを解釈し、特定の顧客の特定の事実や行為の背後にある理由を明らかにする **How Might We質問法**：課題をビジネス機会として捉え、ビジネスモデルのコンセプトを創出する		
対象	コア・チーム		

C. 顧客と市場のインサイトからコンセプトまで		所要時間	1時間30分
使用ツール	**クレイジー・エイト**：チームのメンバーがオフライン環境で紙とペンを用い、限られた時間内で行うビジネスモデルアイデア発想法 **6パート・スケッチ**：各自が自身アイデアの中から1つ選び、ユーザエクスペリエンスを6段階に分解する方法 **ギャラリーウォーク**：スケッチを写真に撮り、メンバー間で相互評価		
対象	コア・チーム		

3：コンセプトのプロトタイプ

A. プロトタイプのデザインとテスト		所要時間	3時間
使用ツール	**カスタマージャーニー**：新たな循環型ビジネスモデルにおけるユーザの行動を可視化する **プロトタイプキャンバス**：安価でスケールダウンした初期バージョンのサービスを設計し、ユーザテストを行い検証、ビジネスモデルのアイデアを深める		
対象	コア・チーム		

4：ビジネスモデルの微調整

A. ビジネスモデルのブループリントの作成		所要時間	3時間
使用ツール	**ビジネスモデル・ブループリント**：サービスを提供するために必要なプロセスやシステム、タッチポイントを視覚化する		
対象	チーム全体		

B. パートナーの選出と特定		所要時間	1時間30分
使用ツール	**パートナーデータベース**：リセールや再販を展開する企業リストから、自社の新規ビジネスモデルの運営サポートを行う可能性のある人材や組織を探す **パートナーガイド**：パートナーシップ提携に際し発生する問題と解決方法について学ぶ **デジタル・ディープダイブ**：循環型ビジネスモデルにおけるデジタル・イノベーションの応用方法について学ぶ		
対象	個人 / コア・チーム		

C. 顧客の利便性の優先		所要時間	1時間30分
使用ツール	**カスタマー・エクスペリエンス・マップ**：「ビジネスモデルブループリント」上に、顧客の考えや気持ちを把握し、ビジネスモデルの最適化を図るマップを追記する		
対象	コア・チーム		

D. ビジネスケースの構築		所要時間	14時間
使用ツール	**ビジネスモデルの構築**：財務的な実行可能性の評価と最適化を行う		
対象	プロジェクト・マネージャー		

E. 防衛対策		所要時間	2時間
使用ツール	**インパクト・ダイアル**：ESG投資におけるリスクを洗い出し、モデルが人々と地球に差し引きプラスの影響を与えることを確認する		
対象	コア・チーム		

5：ビジネスモデルのパイロットになる

A. ストーリーの伝え方、勢いのつけ方		所要時間	3時間
使用ツール	**ゲット・トゥー・バイ**：マーケティングや広報戦略のための創造的な課題設定を行う **ビルボード・スケッチ**：チームメンバー各自のアイデアを集約する。 **ファンからの手紙**：顧客を創造しながら新たなビジネスモデルの再認識とモチベーションを向上させる		
対象	コア・チーム		

B. 実験段階からスケールするための計画の構築		所要時間	4時間
使用ツール	目的、結果とイニシアチブの設定：目標の明確化と主要な成果を生み出すための方法やリスクを特定する		
対象	コア・チーム		

出典：筆者翻訳、ウェブサイトを元に作成　https://www.thecirculartoolbox.com/all-resources

2）衣類の回収を始める方法——WRAPの廃棄物＆資源に関する行動プログラム

　WRAP（Waste & Resources Action Programme、廃棄物＆資源に関する行動プログラム）とは、2000年に保証有限責任会社として設立され、2014年に登録慈善団体に組織改変したイギリスの団体である。企業、個人、地域のコミュニティと協力して、廃棄物の削減、サステナブルな製品開発、効率的な資源循環を支援することで、循環型経済の実現を目指している。WRAPは様々なイニシアチブを運営する中で、ファッションとテキスタイル産業に特化した「サステナブル・クロージング・アクションプラン」も推進している。本書で紹介するのは、このアクションプランと並行して2021年に公開された回収サービスについてのガイドである。

　WRAPが無償提供するのは、ファッション産業に関連する様々な企業がどのように回収サービスを実現できるかに関するガイド[注12] である。イギリスのファッション業界における現実的な回収サービスの選択肢や方法、成功事例などが紹介されている。もちろん、日本とイギリスでは消費者意識や回収処理プロセスなど、様々な違いがある。例えば、日本ではオックス・ファムのようなチャリティ事業者が広く普及していないが、かわりに2次流通業者が普及しており、「寄付」よりも「買取」が重視される傾向もある。とはいえ、このガイドは小売業者、ブランド、リユース・リサイクルパートナー企業らを巻き込んだ回収サービスの立ち上げや改善に関し、有益で実践的な提言をしている。

　ガイドでは、消費者に関する洞察、回収サービスモデルの分析、運営上の

注意点など、実現にあたっての具体的な要素に触れている。例えば、店頭回収プログラムを実施する場合、小売業者はリサイクル業者などと提携することになるが、回収された繊維製品の仕分けやリユース・リサイクル施設への輸送は別企業や組織が行うことも多い。そこでサービス提供者は、消費者を含む複数の利害関係者との持続可能な連携方法を探索するマクロな視点と、クーポンや回収ボックスのようなミクロの視点両方を兼ね揃える必要がある。ガイドでは、これら両方を検討するための具体的方策が紹介されている。以下、本ガイドにおける回収サービスの5つのモデルについて解説する表5・4。

なお、いずれのモデルにおいても、ユーザとのコミュニケーションが必要になる。下記のように、1）参加の呼びかけや、2）メッセージの発信、3）透明性に関する情報の公開・伝達は欠かせない。また、全てのモデルは共通して以下のユーザとのコミュニケーションが求められる。

・取り組みへの参加の呼びかけ：衣料品回収の仕組みや、どのようなアイテムが受け入れられるのか、あるいは除外されるのかを明確に説明したマーケティング資料を作成し、ユーザに回収の取り組みに参加してもらう。

・一貫したメッセージの発信：定期的かつタイムリーなキャンペーンで、一貫したメッセージを発信することで、長期的に顧客を惹きつけることができる。

・透明性の伝達：回収された衣料品の最終ルートの透明性は、こうした情報を求める世代にとってますます重要になる。

1）小売業者による商業的回収

商業的回収サービスを実施できるのは垂直統合型企業で、高い物流管理能力を備えていることが望ましい。繊維製品の回収、選別、輸送、最終的な再利用やリサイクルの目的地まで、繊維製品の静脈産業全体をカバーしないと収益が上げづらいのが、その理由である。選別された故繊維のリサイクル先は、回収サービス事業者の選別能力に応じて小売業者に通知される。

回収モデル1：小売業社による商業的回収

流通、コスト	・小売業者の既存のプロセスに統合された物流 ・小売店の運営コストが少ないオペレーション
組織内部連携	店舗チームのトレーニングを含む社内エンゲージメントが必要
主要な強み	・回収から選別、再利用までの全プロセスまでをカバーする垂直統合 ・店頭でカスタマイズ可能な回収ボックス ・強力な物流管理 ・慈善団体に間接的な利益をもたらす ・一般的にどのような種類の衣服も受け入れるため、参加しやすい
想定される課題	・不要な製品を忘れずに持参する必要がある ・イギリス外で選別された収集品は、イギリス内で選別された製品や国内での再利用のような完全なトレーサビリティーを持たない ・提供されたインセンティブが、過度な消費を促すと見られた場合、PRに影響を与える可能性がある

回収モデル2：慈善・非営利回収

流通、コスト	・小売業者の既存のプロセスに統合された物流 ・小売店のオペレーションコストは小〜中程度
組織内部連携	店舗チームのトレーニングを含む社内エンゲージメントが必要
主要な強み	・慈善事業に対する前向きなイメージから参加率向上が望める ・再利用可能なアイテムは直接販売し、慈善団体に利益をもたらす ・一般的にどのような種類の衣服も受け入れるため、参加しやすい
想定される課題	・不要な製品を忘れずに持参する必要がある ・依頼された回収に対応できるボランティアがいない可能性がある ・イギリス外で選別された収集品は、イギリス内で選別された製品や国内での再利用のような完全なトレーサビリティーを持たない ・提供されたインセンティブが、より多くの消費を促すと見られた場合、PRに影響を与える可能性がある

回収モデル3：自社回収

流通、コスト	・静脈産業全体を小売業者が組織、運営 ・仕分けされた製品の最終目的地の選択によっては、小売業者のオペレーションにかかるコストは高くなる
組織内部連携	店舗チームのトレーニングを含む社内エンゲージメントが必要
主要な強み	・再利用可能な衣類を直接管理し、受け入れられた場合はリサイクル資材を提供する ・直接の再販機会 ・使用段階での製品に関する改善点の抽出

想定される課題	・不要な製品を忘れずに持参する必要がある ・コストとベネフィットのバランスを慎重に評価する必要がある ・イギリスの廃棄物輸送業者の規制を遵守する必要がある ・提供されたインセンティブが、より多くの消費を促すと見られた場合、PRに影響を与える可能性がある

回収モデル4：オンライン回収

流通、コスト	・サービスプロバイダーがメールパートナーと協力して物流をカバー ・小売業者のコストは最小限
組織内部連携	システム構築後に必要となるエンゲージメントのレベルが最も低い
主要な強み	・消費者にとって使いやすく、利便性が高い ・運用はサービスプロバイダーがカバーし、プラットフォームと消費者インサイトはリテールパートナーに提供する ・受け入れ可能なアイテムの範囲が広く顧客の参加が容易
想定される課題	・発送ラベルを印刷し、サービスプロバイダーが提供する地域の回収ポイントに梱包された製品を持っていく必要がある ・オンライン市場での競争激化 ・提供されたインセンティブが、より多くの消費を促すと見られた場合、PRに影響を与える可能性がある

回収モデル5：商業施設オーナーによる回収

流通、コスト	・小売業者の既存のプロセスに統合された物流のセットアップ ・小売店の費用負担なし
組織内部連携	・小売店と小売店経営者のパートナーシップでは、主に店舗チームに対してエンゲージメントを必要とする
主要な強み	・ロジスティクスのセットアップは小売店の経営者が行う ・すべての費用は小売店の経営者が負担
想定される課題	・不要な製品を忘れずに持参する必要がある ・人通りの多い場所に回収ユニットを設置する必要がある ・小売店の敷地内に限られる

出典：筆者翻訳、資料を元に再作成。https://wrap.org.uk/sites/default/files/2021-02/Retailer-clothing-take-back-guide-Feb21.pdf

運営コストは小売業者と回収サービス事業者との間で分担されるのが一般的だが、イギリスでは小売業者の利益は慈善団体に寄付されることもある。小売業者にとっての主なコストは、スタッフへの説明と関与、回収サービスが実施される店舗スタッフのトレーニングなどが挙げられる。回収サービスの運営は小売業者が行い、回収サービス事業者は店内にカスタマイズ可能な回収ボックスや、ビジュアルマーチャンダイジングの支援をすることになる。不要品を忘れずに店頭に持ってきてもらえるよう、次回購入時の割

引券を提供するなど、消費者の動機付けも重要な要素となる。近年アパレル関連の小売店でも回収サービスは急拡大しており、後述のJEPLAN（旧日本環境設計）「BRING」を導入した事例が散見される。

2）慈善・非営利団体による回収

一般的に慈善・非営利団体は市民から好意的に見られる存在であり、提携すること自体に社会的意義がある。慈善団体は、その能力の応じた種類や量が回収可能である。店舗内回収ボックスを設置するためのサポート、ブランディング、プロモーション、コミュニケーションは、合意に基づいて小売業者と慈善・非営利団体とのコラボレーションのもと実施される。これらの団体との提携においては、割引券などの金銭的な動機付けではなく、「正しい行いをする」ことを重要なメッセージとして掲げることも多い。日本における古着の寄付はNPO法人ブリッジエーシアジャパン＋日光物産による「フルクル」などが挙げられるが、残念ながら日本全域に広く浸透しているとは言い難い状況である。

3）小売業者による自社回収

自社製品に限定して繊維製品の回収を行うところも多い。そのメリットは、自社製品に関する洞察、例えば製品開発における素材利用の再検討のきっかけなども得られる点にある。

ガイドでは、2015年にスウェーデンとデンマークにある「フィリッパ・コー」[注13]の店舗回収サービスが紹介されている。ユーザは使用済みのきれいな状態の服を提供すると、15%の割引券を受け取ることができる。一方、状態が悪く再販売しづらいものは、地元の慈善団体に渡される。また、フィリッパ・コーでは古着回収に一般的な「ゴミ箱型回収ボックス」を使用せず、カウンター上でスタッフに対面で製品を渡すことにしており、この方法は衣類の質を一定程度維持するのに有用だろう。ただし、店舗スタッフを介した回収は通常のレジ業務と競合するデメリットもある。割引クーポンの配布などは日本の企業でも導入事例が散見されるが、消費者が1日にも

らえるクーポンの枚数やポイント還元量に制限がある場合もある。

4）オンライン回収

近年、イギリスではオンラインのリサイクル支援アプリが増えてきた。これらのアプリは顧客、回収業者、小売業者を結びつけ、割引、ギフトカード、ポイントなどの消費者に対する動機付けを目的とするのが一般的である。例えばイギリス発の「リスキンド」[注14]は、大規模小売店とオンライン小売店双方に提供される新しいアプリで、ユーザはオンライン手続きで不要な衣料品の回収を依頼する。主に良質な中古繊維製品の回収を目的としており、換金額設定やオンラインでの返品費用負担、利用ルールの設定などは小売店が行う。

5）商業施設オーナーによる回収

ショッピングセンターなどの複数小売店を抱える商業施設オーナーが主導して回収サービスを実施する場合は、その規模に応じて運営することができる。オーナーは運営コストや広報コストを負担することになるが、パートナーである小売業者と分担することもできる。例えば、イギリスの不動産管理会社であるランド・セキュリティーズ・グループは2019年、自社運営するショッピングセンターで回収サービスの実証実験を1ヶ月間実施した。乾いた清潔な状態のあらゆるブランドの衣類や履物を持参してもらい、回収ボックスにて回収しつつ、利用促進のためのギフトカードが当たる抽選会も実施した。同社は「小売店と商業施設オーナーの両方が、繊維製品の廃棄量削減に果たしうる役割があることは間違いない」と利点を説明。回収ボックスやリサイクルポイントの位置と物流、適切なパートナーを見つけること、顧客とのコミュニケーションを増やすことなどを今後の課題として示した。

　ガイドでは、これら5つに類型化された回収サービスの成功要因も整理してまとめられている。ただし、イギリスという国家の伝統や慣習、文化や法律を踏まえた内容も含まれているため、日本でも応用可能な要因のみを抽出し以下にまとめた表5・5。

｜サービスデザインの実例を分析する──関係者を図式化する

　以上のようにサービスデザインでは、目に見えない関係や体験をデザインすることになるが、そのデザインを検証するための様々なツールが開発されてきた。例えば、「ステークホルダーマップ」や「サービスブループリント」などが一般的だ。こういったツールを利活用することで、サービスデザイナーは課題を特定し、ユーザとサービス提供者双方にとってより優れたサービスのデザイン検討を行うことができる。

　「ステークホルダーマップ」は、ある特定のサービス事業に関連する様々な利害関係者の関係性を図式化したものである。図の描き方は様々あり、利害関係者の中心にユーザを位置付けるものもあれば、事業者が中心に位置付けられる場合もある。いずれにせよ、サービスの全体的な構成を示し、かつ、人、モノ、情報、金銭がどのように交換されるのか、交換に要する手段として車両や船舶、コンピュータやスマホなど何が必要となるのかを記述する見取り図である。

　「サービスブループリント」は1984年に当時シティバンク副社長だったリン・ショスタク（G. Lynn Shostack）によって『ハーバード・ビジネス・レビュー』において提唱されたレガシーのツールである。ある特定のサービス事業において、ユーザが実現したい価値が提供されるまでの時系列に沿って、ユーザが体験する全過程をサービス提供者とユーザの間のみならず、サービス事業者の組織内での動きも含めて可視化する。ブループリント＝「青写真」は日本語では「完成予想図」というニュアンスも含んでいる。だが、サービスブループリントは運用中のサービス分析にも応用可能で、連携不備の根本原因を明らかにし、改善点を見つけることもできる。

　ここでは、ステークホルダーマップとサービスブループリントを用いて、サービスデザインの観点から利害関係者や物質循環ネットワークの構成に関する事例分析を行う。日本には故繊維を扱う業者ネットワークが構成されており、ボロ選別、故繊維貿易、古着販売などの様々な業態には複雑な相

表5・5　回収サービスを成功に導くためのチェック項目

要因	詳細内容
1）初期段階の 　コミュニケーション	・回収サービスには組織内コミュニケーションと、マネジメント層の賛同を得た上で、横断的なチームとシニアマネジメントのサポートを受ける ・店舗スタッフは十分なトレーニングを受け、熱心に取り組んでもらう ・トライアル評価は、地域差や各店舗スタッフの関与の仕方によって結果が異なる可能性があることに留意する
2）実施スケジュール	・店頭回収は、連携企業の選定やプログラムの範囲、対象店舗数によってスケジュールが異なるため、実験を経て段階的に展開することが望ましい
3）物流とコスト	・店頭回収では保管スペースが必要となる。回収量をモニターし、回収ユニットのサイズや数、回収頻度の見直しも検討する ・回収サービスの立ち上げと実施に関するコストとして物流管理や新たなインフラが必要になる可能性もある ・自社回収サービスを実施する場合は静脈の物流にかかるコスト検討が必須となる ・回収パートナーと協力しコストを分担することはできる ・再販売を前提とする回収サービスは、高額製品でないとコストが見合わない可能性がある ・B2Bのリースモデルや循環型調達契約は、物流をよりコントロールしやすい（ユニフォームなど）
4）回収の頻度	・店頭回収では回収ボックスの場所、ブランド、サインが最も重要になる ・回収の頻度は店舗ごとに異なり、各店舗での成功度に応じ見直す必要がある ・ショッピングセンターでの回収は、繊維製品の回収ポイントの最適な場所選択が重要となる
5）報告	・回収サービスの評価のためにデータ収集を実施すること ・適用可能な指標には顧客の参加、回収量、環境影響、社会影響、財務上の余剰金などがある ・回収サービスの報告には、年次報告書、ウェブサイト、ソーシャルメディア、店舗などがある
6）不要品の管理	・受入可能な繊維製品の範囲外、「不要品」を受け取るリスクが常に存在することに留意する ・契約書に不要、廃棄対象と判断された製品の処理方法を必ず明記する ・この軽減に向け、消費者とのコミュニケーションを改善する
7）法律と健康・ 　安全	・廃棄物が安全に保管され漏出しないようにする ・廃棄物の受け渡しを行う者が廃棄物を引き取る権限を有すること ・受け渡し場所は廃棄物を受け入れる権限を有すること ・廃棄物の移動には、廃棄物とその出所を記載した書式を添付すること

出典：WRAPウェブサイトを翻訳、再作成。https://wrap.org.uk/sites/default/files/2021-02/Retailer-clothing-take-back-guide-Feb21.pdf

方法と実践

互依存性があるとされる[注15]。例えば峯村（2022）は故繊維産業の複雑な
ネットワークを可視化するダイアグラムを作成し、さらに望ましい物質循環
のためのエコシステムの可能性も示唆しているが、このような日本独自の
産業構造を包括的に理解したサービス開発が今後必須となるだろう表5・6、
図5・1。

　ここでは日本の繊維製品回収事例を、WRAPが示す「商業的回収、慈
善・非営利事業回収、自社回収、オンライン回収、商業施設オーナー回
収」の5類型に基づき、「ステークホルダーマップ」を用いて公表された
情報を元に分析してみる。限定的ではあるものの、どのような利害関係者の
ネットワーク構成によって、日本における回収が実現しているのかを明らか
にしたい。ただし、慈善・非営利事業回収事例については、営利企業に
よるリサイクルと再販を前提とした非営利回収について述べる。慈善事業
における古着の発展途上国寄付に関しては課題も明らかとなっている[注16]。
回収のみならず回収後の資源循環の観点から事例を選定した。

1　商業的回収／ JEPLAN BRING

　2009年よりJEPLAN（旧日本環境設計）は「BRING」の前身となる
「Fuku-fuku project」としてPET（ポリエチレンテレフタラート）由来の衣
料品などの繊維製品回収・リサイクル事業を行ってきており、2021年の段
階で2000を超えるファッション企業や百貨店と提携のもと回収を実施して
いる[注17]。回収場所は提携先である企業の店舗に設置された回収ボックス、
もしくは店頭にて行われる。ただし、企業によっては自社製品回収に限定
する場合や、自社製品に限定しない場合もある[注18]。企業によっては持ち込
まれた回収対象のうち特定の品に対し、独自の割引クーポンの発行や特典
の付与を行なっている場合もある。多くの場合、繊維の素材を限定せずに
回収を実施し、BRINGに引き渡された後で繊維素材別に分類され、素材
ごとに別々のルートを辿りリサイクルされる図5・2。

表5·6　故繊維産業のマテリアルフローにおける各種業態の役割、性格の要約

業態の名称	業態の役割・性格
ボロ選別業者	古紙問屋、行政からボロを買取り、中古衣料・ウエス原料・反毛原料に選別・梱包、貿易商社やウエス・反毛等の製造業に販売する
古繊維貿易商社	ウエスの輸出業務から発達し、中古衣料や屑繊維の輸出も手がけるようになった。現在では一部これらの製品の輸入も行っている。中古衣料輸出を専門的に行う業態(中古衣料輸出商社)も存在する
古着販売業	ボロの内商品価値の高いものを消費者向けに販売する。海外からの輸入品を扱うケースもある
ウエス製造業	ボロ、屑繊維(一部)のウエス原料をウエスに加工する。国内向けは代理店を通し、輸出は古繊維輸出商社を通して販売する
反毛製造業	屑繊維、ボロの内反毛原料を加工し反毛を製造する。加工ラインの方式により廻断・ガーネットの2種類に分かれる。反毛はフェルト、手袋・カーペット等用繊維、クッション材等の材料として販売する。
反毛貿易商社	反毛の輸出を主に行っている商社。ウエス輸出を軸に形成された古繊維貿易商社とは類型が異なる
繊維屑回収業者	紡績・織布・縫製工場から屑繊維を回収し、種別に梱包する。産業廃棄物処理業の兼業も存在する
繊維原料商・ブローカー	繊維屑回収業者から屑繊維を買取り、反毛製造業や特殊紡績業に原料として販売する
フエルト製造業	反毛からフエルトを製造し、自動車断熱材、土木資材、カーペット等として販売する
特殊紡績業	反毛や一部屑繊維(再生綿)から、作業用手袋・カーペット・カーテン・モップ・衣料芯地等の素材となる特殊繊維(特紡糸)を製造する
精紡・紡毛業	反毛から特殊紡績と同様に、合成皮革・帆布用の繊維を製造(精紡)したり、毛織用繊維を製造(紡毛)したりする
作業用手袋製造業	反毛を原料とする繊維から作業用手袋を縫製する
製綿業	反毛から、クッション・ぬいぐるみ・蒲団等の芯材となる綿を製造する

出典: 門倉(2002) https://www.jstage.jst.go.jp/article/transjtmsj1972/55/2/55_2_P71/_pdf/-char/ja

　例えば良品計画での回収プログラムでは、無印良品の下着を除く衣料品全般とタオル・シーツ・カバー類を対象に店頭回収を実施。再利用できず「着ることができない」製品がBRINGの対象となり、「手を加えることで着ることができる」製品は良品計画によるプログラム「ReMUJI」として日本国内で染め直し、再販のルートを辿る[注19]。本プログラムでは、不要となった製品を消費者が持ち込んだ際は、同ブランドの公式アプリ「MUJI passport」上で1000マイル分をもらうことができる。また、2021年に始

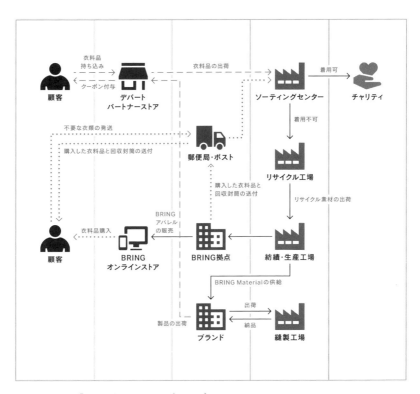

図5・2　JEPLAN「BRING」のステークホルダー・マップ（筆者により図式化。作成協力：村尾雄太、浅田史音）

まった高島屋との連携プログラム「デパート デ ループ」では、製品をつく
る時に発生する糸くずや古着などを原料にした再生可能ポリエステル繊維
「BRING Material」を使用した製品を販売しつつ、期間限定ではあるが店
舗内に回収ボックスも設置している[注20]。　商業的回収となる本事業では、
回収後のプロセスは日本環境設計の流通システムに依存する一方、ブラン
ドや企業は店舗回収プログラムの導入と、回収促進のためのポイント制度
など独自のインセンティブを設計している。

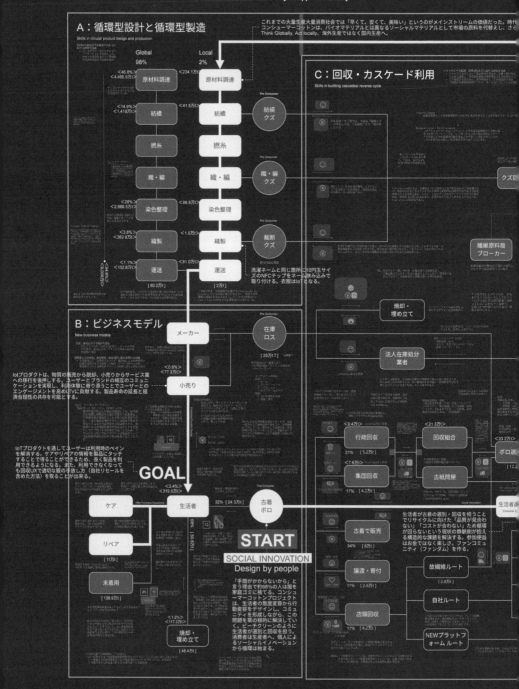

図5・1　サーキュラーダイアグラム（Circular Diagram）。日本における故繊維産業の複雑なネットワークと、望ましい物質循環のためのエコシステムのダイアグラム（作成：峯村昇吾）

性から意味性の消費へと移りつつある。
トとして新たな機能的価値も創出する。

国内で循環することで、海外（途上国）での限定的で柔軟性に欠いた循環を回避することが可能となる。

反毛はワタに戻す工程で、再生コットンへの唯一の道。愛知県尾州地区まで運賃自社負担かつ売値8円/kgという経済合理性の低さが反毛ルートを妨げる大きな要因。コンシューマーコットンという需要創出と、選別という中間流通を省くことで、経済合理性の側面を解決する。

ボタンや洗濯ネームなどの付属を除去して、細かく毛をかいてワタ状に戻す。

ワタ状に戻したものを紡績して糸にする。色が混ざりきってしまうコンタミネーションは本来商品扱いだったがその混ざり合ったメランジ調の見え方を差別化し、シンボルにすることでこの問題を解決する。

製造段階（プレコンシューマー）のロスではなく、古着（ポストコンシューマー）のロスを解決することが重要であり論点である。これまで低品質高価格だった再生コットンを、ソーシャルマテリアルという新しい意味に置き換える。

フロー図の主要ラベル

- 国内中古衣料 1% [n万t]
  - 自社販売 → 中古衣料輸出
  - 国内古着販売業
- 国内ウエス製造 5% [n万t] ＜15.2万t＞ → ウエス
- 反毛製造業 ＜85.9万t＞
  - フェルト製造業 98%
    - 自動車断熱材製造業 90%
    - 土木 10%
  - 特殊紡績 1%
    - モップカーテン
  - 製綿業
    - クッションぬいぐるみ
- 国内循環
- 反毛製造業 10% [7.6万t]
  - 裁切反毛 90%
  - リサイクル不能品 20% [1.2万t]
  - ガーネット反毛(コットン) 4% → 綿紡績業 → 再生コットン(クズ由来) / 再生コットン(ボロ由来)
  - ガーネット反毛(ウール) 6% → 毛紡績業 → 再生ウール(紡毛)
- 国内選別 20%-30%
- 海外中古衣料(バイヤー経由) 49% [4.4万t] n万t
  - 東南アジア 99%
  - アフリカ 1%
- 海外選別 70%-80%
- 海外循環
- 海外ウエス製造 15% [n万t] n万t → 再び日本へ
- リサイクル不能品 n% [n万t] → 内販
- リユース(再販売)
- リセール(再販)
- リメイク(再生販売)
- リサイクル(再生)
- 譲渡・寄付
- 海外支援(NPO・NGO)
- 固形燃料(RPF)
- BRING 再生ポリエステル
- グリーンダウンプロジェクト 再生ダウン

2 　慈善事業・非営利回収／オンワード樫山＋日本赤十字社

　オンワード樫山は、店舗にて使い古した自社製品を回収し、毛布や軍手にリサイクルし国内外の被災地支援を行う「オンワード・グリーン・キャンペーン」を実施している。このキャンペーンは2009年にスタートし、公式サイトには2021年現在126のキャンペーン実施店舗で、106万人より562万点の回収、その後リサイクル80%、リユース20%の比率で回収品を利活用したことが明記されている[注21]。公式サイトではリユース可能な衣料品の一部を「オンワード・リユースパーク」で販売し、その収益の全てを環境・社会貢献活動に使用するとしている。リユースできないものはリサイクルパートナーによってリサイクル糸もしくは固形燃料に加工され、固形燃料は

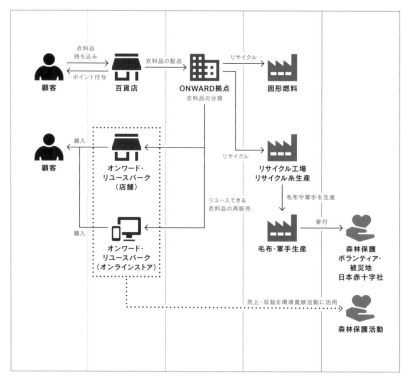

図5・3　オンワード樫山「オンワード・グリーン・キャンペーン」のステークホルダー・マップ
(筆者により図式化、作成協力:村尾雄太、浅田史音)

190

製紙工場にて活用される。リサイクル糸を用いてつくられた軍手や毛布は、国内外の被災地支援のために配布される図5・3。

毛布や軍手を製造する際にリサイクル反毛綿を用いることで、より多くの素材・色の衣料品を利活用できる。様々な繊維が混ざると意匠的均質性（色や素材感など）を担保することが難しいため、意匠よりも機能が求められる毛布や軍手を生産し、それらを多く必要とする被災地の課題に応えている。また、日本赤十字社の協力によって配布先は海外まで支援領域を広げ、支援を必要とする場所に安全かつ定期的に配布することが可能である[注22、23]。

以上から、ユーザから回収した衣料品を、軍手や毛布といった意匠面での要請が少ないリサイクル繊維製品に加工した上で適切な利害関係者と接続し、広範囲で支援を必要とする活動のために活用され、影響範囲を広げている。

3　自社回収／アーバンリサーチ：commpost

アーバンリサーチは、廃棄衣料品をアップサイクル製品「commpost」に再利用している[注24]。当初は自社から出る廃棄衣料品のアップサイクルであったが、製品の供給に対して回収量が不足していることを受け、2021年3月からは自社衣料品回収を開始した。

「commpost」は、「Colour Recycle Network（以下、カラーリサイクルネットワーク）」との協働によって実現している。「カラーリサイクルネットワーク」は、素材分別が難しい廃棄繊維を色で分けて付加価値のある素材・製品にアップサイクルする Colour Recycle System の開発・研究チームだ。この協業により、衣料品を回収、色ごとに分類、再利用可能となり、廃棄量削減やCO_2排出量抑制が達成された。さらに、持続可能な開発・生産を目指すべく、NPO法人暮らしづくりネットワーク北芝と共に、障がい者をはじめとする多様な市民との協働も実現した。

このプロジェクトは、同社ですでに実施されていた一般社団法人Green

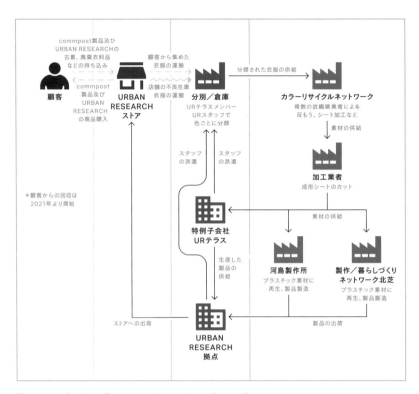

図5・4　アーバンリサーチ「commpost」のステークホルダー・マップ（筆者により図式化。作成協力：村尾雄太、浅田史音）

Down Projectのダウン製品回収BOXと相乗りの形をとり、独自ステッカーを貼付して情報を伝えている。「commpost」の回収ボックスは、効率的回収が可能な自社便が周回する10店舗(22年7月現在)に設置されている。回収対象は品質表示に「製造：アーバンリサーチ」の表示があり、かつ洗濯された清潔な衣料品のみに限定され、靴やカバン、アクセサリーなどの雑貨は対象外である。回収後、状態や色ごと（赤、黄、緑、青、紫、白/明、黒/暗などに分類可能だと思われる）に分類、解繊、樹脂加工し、アップサイクル素材としてのシートを作製。それを裁断、縫製して新製品をつくったのち、店舗に還流される図5・4。

　糸や繊維製品はさまざまな材料によって混紡・混織されているため素材

分別によるリサイクルは難しく、また古着だと品質表示タグが見えづらくなるなどの理由から、そもそも素材識別が難しい。そのため、静脈産業においてはカスケード利用（品質レベルに応じた利用）を前提とした低価値の製品にしか応用されない問題があった。このステークホルダーマップの特徴は、「カラーリサイクルネットワーク」により、デザイナー、研究者、成形加工業、故繊維業、素材メーカー等がチームとなって[注25]付加価値の向上を図り、色ごとの分類によるアップサイクルを可能にした点にある。

4　オンライン回収／アダストリア：KIDSROBE

　子供服は子供の成長に合わせてサイズアウトするサイクルが早いため、次々と新しい服を用意しなければならない。そこで子供服を回収、共有するアダストリアのオンラインサービス「KIDSROBE」[注26]は、ユーザから子供服の「おさがり」を回収、別ユーザがリユースできるオンラインサービスを提供している。回収に際してはユーザが子供服を返却用袋に入れ、WEB上で集荷依頼を行い、宅配業者がユーザの自宅にて返却用袋を回収する。

　本事業の契約形態には月に1度もしくは3ヶ月に1度、好きなタイミングで回収および注文を行えるサブスクリプション型を採用し、継続的な注文と回収のサイクルを想定している。サービス内の通貨として「ROBE」という単位を採用し、1ROBEにつき1つの新しいアイテムを注文できる。アイテムの回収時には、着用可能な状態のアイテム1着につき1ROBEが付与される。なお、回収の際には着用可能な状態であるかどうか査定がなされ、新たに他のユーザが使えないと判断された場合は、JEPLANの「BRING」を通じて素材リサイクルに回されることになる図5・5。

　このサービスの特徴は、ユーザの作業が少ないことにある。宅配業者と連携し、アプリを利用することで、ユーザは自宅を離れる必要がない。回収用資材も、注文時に資材が送付される。支払いはサブスクリプションの

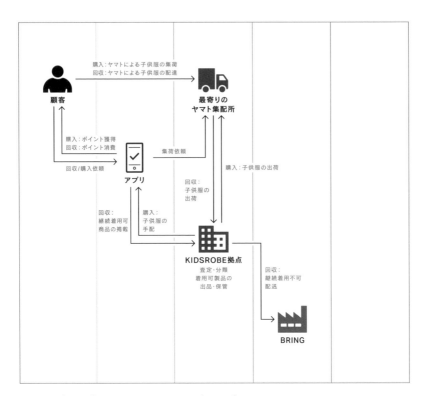

図5·5　アダストリア「KIDSROBE」のステークホルダー・マップ（筆者により図式化。作成協力：村尾雄太、浅田史音）

みとし、服の注文では金銭の代わりにROBEでのやり取りを行う。子供の成長によって生じる定期的な廃棄と購入のサイクルに対して、シェアとサブスクリプションの仕組みを組み合わせ、ユーザの作業も極限まで削減する構造を達成した。しかし、利用者からも好評を得ていた同サービスは「今以上の成長は見込めない」として2022年7月に終了。サービス終了後は「オフストア（OFF STORE）」など、同社グループにおいて古着として販売する予定だとされる。

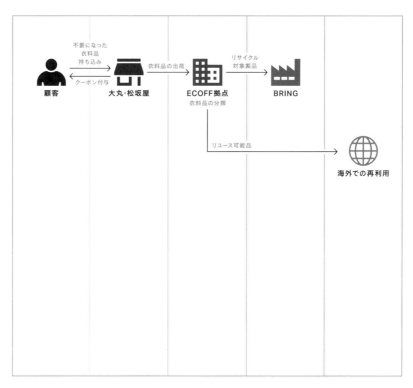

図5・6　大丸松坂屋百貨店「エコフ」のステークホルダー・マップ（筆者により図式化。作成協力：村尾雄太、浅田史音）

5　事業施設オーナー回収／エコフ（ecoff）

　大丸松坂屋百貨店では、百貨店が主体となって不要になった洋服や靴、鞄などを店頭で回収し、リサイクルおよびリユースを行うサービス「エコフ」を実施している。同百貨店は2016年8月より不定期ながらコンスタントに回収事業を行っており、2016年8月から2021年5月の累計は317万点を超え、約934tもの物品が回収された[注27]図5・6。

　「エコフ」は百貨店内に回収ボックスを設置し、参加者は持ち込んだ商品1点につきショッピングサポートチケットを1枚、1000円分を受け取り、11000円以上の買い物につき最大9枚使用（対象外売り場あり）できる。他社と比較すると高いユーザ・インセンティブだ。またチケットは、利用期

間中に店内にて返却すると1枚につき100円をWWFジャパンなど4団体に寄付できる。2020年11月よりチケットはアプリクーポン1100円分として受け取り可能となり、回収ボックスもセンサーによって引き取り品の個数を自動カウントするなど、非接触型のサービスも展開している[注28]。

　回収後のプロセスにはJEPLAN「BRING」が活用されており、百貨店としては接客など参加者から見えやすい部分を中心に取り組めばよい。百貨店に集まった服を日本環境設計に送付する前段階については、回収機会を限定することによって効率的に企画、広報、店頭回収、回収品管理を行っており、「エコフ」全体での募金、アプリや非接触ボックスなどの整備もスピーディーに進んでいることが伺える。

　また、百貨店が主体になることで、回収するブランドを特定しない点にも注目したい。自社回収型事業においては自社製品に限るケースが多いが、「エコフ」では製品を限定しないことで、百貨店への集客を主目的とした事業展開ができる。他にも、地域との連携イベントがなされている点も、地域・近隣の住民との持続的な関係性をつくろうとしてきた老舗百貨店こその特性と言えよう。

┃サービスデザインの実例分析する──ユーザの体験を図式化する JEPLAN（旧日本環境設計）「BRING」

　JEPLANは2020年よりBRINGの一環で「サーキュラーエコノミーD2C」事業を開始している[注29]。このD2C事業において同社は、自社ブランド製品の企画とオンラインストア上での販売、衣料品回収を行っている。ウェブストアには当社のリサイクル事業で生まれた再生ポリエステル繊維「BRING Material」を使用したパーカーやTシャツが並び、顧客が製品を購入すると衣服回収用封筒が同封される仕組みだ。顧客はこの封筒に入るサイズの着古した服を封入し、JEPLANの北九州響灘工場に送ることで、回収プログラムへ参加することができる。なお、当プログラムへの参加は任

意である（口絵p.8）。

　ここでは、当事業における購入と回収のプロセスを、サービスデザイン手法の1つであるサービスとユーザ、製品、サービス提供者の接触点を可視化する「サービスブループリント」で分析する図5・7。サービスブループリントを作成するにあたり「サーキュラー・ツールボックス（The Circular Toolbox）」（表5・3）の段階4Aの「ビジネスモデルブループリント」の手法を参照しながら[注30]、複数人でオンライン共同作業ボードツールMiro上で作業を行った[注31]。さらにJEPLANの公式ウェブサイト[注32]及びBRING公式ウェブサイトに掲載されている情報、及び実際に製品を購入して検証した。

　まず、今回描いたサービスブループリントは横軸に時間、縦軸に「ビジネスモデルブループリント」の区域に応じてステークホルダーを分類した：

・**カスタマーアクション**：顧客が特定の目標に到達するためにサービスを利用する際に行う手順、選択、活動、および相互作用。

・**フロントステージアクション**：お客様の目の前で直接行われる行為。これらの行動には、人間対人間、人間対デジタルの行動などがある。

・**バックステージアクション**：裏方として行われる手順や活動。これらのアクションは、バックステージの従業員やフロントステージの従業員によって行われ、顧客には見えないことも含まれる。

・**バックステージサポートプロセス**：製品またはサービスを提供する際に使用者をサポートする内部ステップおよびインタラクション。販売情報管理システムなど、業務遂行に使用する技術やシステムも含まれる。

　以下はこの区分にしたがって各ステークホルダーのアクションを解説する。

分析：ユーザアクション

1）オンラインストアでのBRING製品の購入

まず顧客はBRING公式ウェブサイトにて、希望のアイテムを購入する。そして、基本情報を入力のうえ、決済を完了させると、その後数日で製品が顧

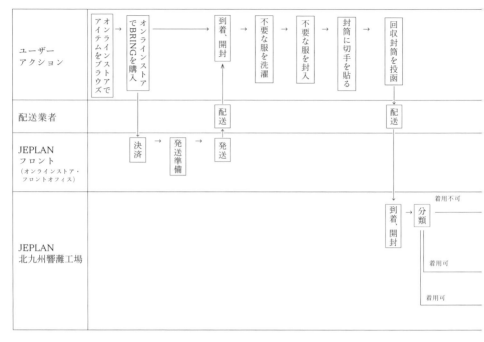

図5·7　JEPLAN「BRING」のサービスブループリント

客の手元に到着する。

2）着古し・着用しない衣服の送付

顧客の元に届いた梱包箱の中には、オーダーした製品とA4サイズの封筒状の回収キットが同梱されている図5・8。

　回収プログラムに参加する場合、封筒に着古した衣服を入れ、切手を貼付け郵送する。封筒に入るサイズである事が回収条件だが、衣類の素材の制限はない。送付後、衣服の所有権は顧客からJEPLANへ引き渡される。

分析：フロントステージアクション

　このサービスフローでフロントステージに位置付けられるのは、顧客に直接受け渡しを行う配送業者、そして顧客が購入するBRINGのオンラインストアの二者である。

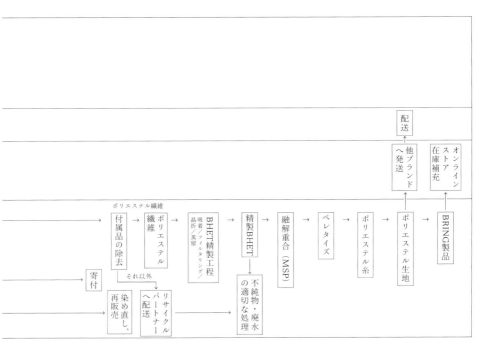

付属品の除去 → 繊維 → ポリエステル繊維 → BHET精製工程 吸着／フィルタリング／晶析／蒸留 → 精製BHET → 融解重合（MSP） → ペレタイズ → ポリエステル糸 → ポリエステル生地 → BRING製品

ポリエステル繊維

寄付

それ以外

再販売、染め直し、 → リサイクルパートナーへ配送

不純物・廃水の適切な処理

配送へ発送

他ブランドへ発送

オンラインストア在庫補充

分析：バックステージアクション、バックステージサポートプロセス

1）商品の発送

顧客によって購入された商品と回収用の封筒を梱包。配送の手配や、配送後のカスタマーサポートが発生する。

2）回収後

衣料品の到着後、まず分類が行われる。そして着用できる衣服は寄付され、着用できない衣服は繊維ごとにさらに分解・分類が行なわれる。それらのうち、ポリエステル繊維の製品は同社北九州響灘工場にてリサイクル、それ以外の繊維製品はリサイクルパートナーに引き渡される。同社の特許取得ケミカルリサイクル技術「BRING Technology（ブリング・テクノロジー）」を通じて、化学的に分解（BHETへ解重合、ポリエステルモノマー化）・脱色・精製し、ポリエステル（BHETを重合、ポリマー化）へと生まれ変

図5・8　筆者が実際にBRINGのTシャツを2021年夏に購入したところ、回収キットとして封筒が同封されており、時限付きの割引クーポンとQRコードもついていた

わった後、再生ポリエステル繊維に活用される。

5.3：事例

｜ナイキ―― ムーブ・トゥー・ゼロ（Move to Zero）

　1968年にアメリカで誕生した世界的スポーツブランド、ナイキは、1992年に「ナイキ・グラインド（NIKE Grind）」という研究プログラムを開始し、製造過程で発生する廃棄物や使用済みの靴をリサイクルし、新たな素材として芝生やスポーツ場、店舗の什器やスウェットシャツ、スニーカーソールなどへ生まれ変わらせる循環型モデルに向けた取り組みを実施してきた。[注33]

　また、グローバル・ファッション・アジェンダ（Global Fashion Agenda）とロンドン芸術大学の協力のもと、循環型デザインのガイドブックを開発・

発表するなど^{注34}、近年精力的にサステナブル・ファッションの活動を展開している。

　さらに2019年には、気候変動によるスポーツへの影響を懸念する問題意識から、世界中のアスリートとスポーツの未来を守るという目標のもと「Move to Zero（ムーブ・トゥー・ゼロ）」と称したCO_2と廃棄物排出ゼロを目指す取り組みを開始し[注35]、「主な取り組み」として以下の5つを掲げている。[注36]

1）NIKEは2050年までに、NIKEの所有及び運営する施設の100%再生エネルギーでの稼働を目指します。

2）NIKEは2015年パリ協定に即し、2030年までに世界のサプライチェーン全体からのCO_2排出量を30%削減します。

3）NIKEは全てのフットウェア生産過程から生まれた廃棄物の99%を、廃棄せず再活用します。

4）NIKEは1年に10億本以上のプラスティックボトルを廃棄する代わりに再利用し、新しいジャージやフライニットシューズのアッパーのための糸をつくります。

5）リユース・ア・シュー（Reuse-A-Shoe）とナイキグラインドの各プログラムは、廃棄物を新しいプロダクト、遊び場の路面や陸上のトラックやコートに変えています。

　関連するサービスデザインの事例としては、2021年に発表された購入後60日以内に返品されたシューズを補修し再販売する取り組み「ナイキ・リファービッシュド（NIKE Refurbished）」が挙げられる。このプログラムでは、返品されたシューズを一足ずつ手作業で検査し着用回数の少ない順に「新古品（like new）」「丁寧に履かれた中古（gently worn）」「外見に欠損あり（cosmetically flawed）」とランク付けした後、できる限り新品に近い状態に洗浄、補修し、ナイキのストアでランクに応じた価格で発売するもので、アメリカの15店舗を皮切りに徐々にスケールアップされる予定だという[注37]。

購入後60日以内の返品は日本ではあまり馴染みのない消費者行動かもしれない。だが、アメリカでは、誕生日やクリスマスプレゼントでもらったものでも不満があれば容赦なく返品・交換する習慣があり、プレゼントに金額が記載されていない返品用の「ギフトレシート」を添えて贈ることは一般的である。全米小売業協会（NRF）の調査によれば、消費者が1度購入した製品を返品した総額（2020年）は約4280億ドルとされ、小売業全体における売上高の約10.6％に相当する。しかも返品総数のうち約5.9％は不正や詐欺によるもので、その規模が約253億ドルにのぼるなど大きな問題になっているため、返品サービスのマネジメントに特化した「プロダクト・リターン・マネジメント」と呼ばれる専門領域が確立している。NIKE Refurbishedもまた、再製品化や物流ルート構築、採算性向上といった観点から、その一例として捉えられる。返品サービスは消費者のリピート率向上や返品後の代替品購入支援などビジネスの観点から重要視されてきたが、返品された製品の価値を低減させることなくどう再利用できるか、というサステナブル・ファッションの観点からの検討も求められている。

｜H&M —— ループ（Looop）

H&Mグループが2020年10月より開始した「ループ（Looop）」は、世界初の店頭衣料品リサイクルシステムである[注38]。 スウェーデン、ストックホルムのドロットニンガータン店にて運用が開始された当システムは、回収された衣料品を糸へと分解、ニット製品の原料として用い、新たな製品をその場で編み上げる「Garment-to-Garment Recycling System（衣服から衣服へのリサイクルシステム、以下G2G）」を実現している。全リサイクル工程は、コンテナサイズのガラス張りの中に設置された、島精機製作所のホールガーメントニッティングマシンを含む全8台の機械を通じて行われ、顧客はショッピングをしながらリサイクル工程を見学できる。

当サービスで顧客はまず、着古したブランド不問のニットアイテムを店頭

に持ち込む。そして、アプリ上で新しい衣類の種類やデザインを決め、約17ドルを支払い、でき上がりを待って新しい製品を手にすることができる。全リサイクル工程の所要時間は約5〜8時間とスパンが短いため、翌日にはリサイクル製品を受け取ることができる。このリサイクルは以下の8つの工程で構成されている。[注39]

1 ）**洗浄**：古い服にオゾンを吹きかけ、微生物を取り除く

2 ）**細断**：古い服を小さな繊維の塊に細断する

3 ）**ろ過**：細断された繊維の塊をろ過し、不純物を取り除く。そして追加バージン原料を加え強化する。

4 ）**カーディング（りゅう綿）**：不純物を取り除いた混合繊維を伸ばして繊維ウェブにし、引き伸ばしてスライバーをつくる。

5 ）**ドローイング（練条）**：数本のスライバーを組み合わせて、より強く太いスライバーをつくる。

6 ）**紡績**：太いスライバーから糸を紡ぐ。

7 ）**撚り**：強度を増すために、糸を二重にして撚り合わせる。

8 ）**編み上げ**：新しいデザインに編み上げる。

このリサイクルプロセスでは、着古した衣服をそのまま新製品の原料として使用可能であるため、原材料の使用削減が望める。色表現は、着古しの衣服の繊維を混ぜるため、染色工程を再度経ることはなく環境負荷低減も望める。

このシステムの開発にはH＆M財団とHKRITA（香港繊維アパレル研究開発センター）が携わっている。両社は2016年よりパートナーシップを締結、産業規模で実用可能なテキスタイルリサイクルの研究開発に取り組んできた[注40]。第1次となる2016年から2020年のパートナーシップ「Recycling Revolution（リサイクリング・レボリューション）」では、コットンとポリエステルの混紡布地の熱水処理リサイクル技術「Green Machine（グリーンマシーン）」[注41]の開発や、「ループ」の前身となるG2Gシステム

「ザ・ミニ・ミル（The Mini Mill）」^{注42} の開発に焦点が当てられ、後者は Novetex Textiles（ノヴェテック・テキスタイル）がスポンサーのもと、2018年に開発・発表されている。その後更新されたパートナーシップ「Planet First program（プラネット・ファースト・プログラム）」^{注43} では、よりスピーディ、より大規模、かつよりインパクトのある研究開発を継続していくことが指針として設定されており、今後のリサイクル技術の応用研究が望めるだろう。

5.4：この人を見よ ── weturn

|ソフィー・ピニェア

　2020年2月、フランスで「廃棄物対策および循環型経済に関する法律第2020-105号」（通称：AGEC法、あるいは循環経済法）が施行された。その目的は、再利用とリサイクルを促進し、プラスチックの消費を削減することで徐々に循環型モデルに変えていくことにある。同法は、

1）使い捨てプラスチック製品からの脱却

2）消費者への情報提供

3）廃棄物の対策および再利用

4）製品陳腐化への計画的対応、長寿命化の促進

5）より環境負荷を抑えた生産の推進

を主軸に、全6章130か条からなる。章構成は、第1章「廃棄物発生の管理及び防止のための戦略的目標」に始まり、「消費者の情報提供」「浪費に対する闘いとしてのリユース・リサイクル及び機能的経済・サービス経済の推進」「製造者責任」「不法投棄に対する闘い」「諸規定」と続く。

　第3章「浪費に対する闘いとしてのリユース・リサイクル及び機能的経済・サービス経済の推進」の35条では、繊維製品などは2022年1月1日まで

に売れ残り製品の廃棄禁止、その代替案として再利用、リサイクルや寄付を義務付けている。焼却又は埋め立て廃棄は一部の例外を除き禁止され、違反した場合には罰則も設けられた[注44]。つまり、繊維製品の生産・輸入・流通に関わる事業者は、売れ残った製品を社会的活動を行う団体などへの寄附、又はリサイクルなどの物質循環を推進することが企業側の法的義務として生じており、これに対応する新たなビジネスモデルの構築が必要となったのである。

　このような状況下において、ヨーロッパにおける主要なクラウドファンディングサイトの1つである「キスキス・バンクバンク（KissKissBankBank）」のストラテジック・コーディネーターなどを務めたソフィー・ピニェア（Sophie Pignéres）は2020年、「weturn（ウィーターン）」という会社の創業者として独立した。同社は、特徴的なロゴなどがプリントされた特定のファッションブランド向けの繊維製品のリサイクルを目標とした会社であり、焼却処分の低減のみならず、永続的な資源利用のために繊維製品（売れ残りから裁断後の残布まで）の再資源化を目指している（口絵p.9）。

　開発された材料選別および回収方法によって、weturnはトレーサビリティを100%担保した故繊維から高品質のリサイクル糸（リサイクルヤーン）作製に成功。さらに、2021年開発中のデジタルツールによって、廃棄製品の回収からリサイクルヤーン作製までの進捗状況をリアルタイムで追跡できるようになるとされる[注45]。さらに2021年6月、LVMHはweturnとの連携を発表。LVMHが2012年から推進している環境に対するLVMHのイニシアチブ「LIFE360」プログラムの一環として、「weturnは、LVMHグループのメゾンと協力して、テキスタイルのリサイクルを支援し、これらのリサイクル素材を、元のメゾンやマーケットの他のブランドやデザイナー向けの製品（パッケージ、アクセサリー、ワークショップ用の生地、チームのユニフォーム、既製服に取り入れるための研究プロジェクト）に再利用できるようにしています」としている[注46]。ただし、どのブランドのどのテキスタイル

をどのくらいリサイクルするかは不明瞭で、2030年までに専用のトレーサビリティ担保システムを導入する、と言及するのみに留まっている。

　weturnはAGEC法を戦略的に見据えて設立された会社であり、そのことが同社の公式サイト上にも明記されている点は興味深い。独自のリサイクルチェーンを構築するだけでなく、高級メゾン製品の価値を守る新たな処分方法としてリサイクルヤーンを提案した点にもその独自性がある。法的規制を予見し、フランスファッション産業のありうるニーズを元に新たなビジネスモデルの提案を実現したweturnの戦略は、日本にとっても有益な視点を提供している図5・9。

図5・9　weturnが開発したリサイクルヤーン

［注釈］URLの最終アクセス日は2022年7月12日

注1　Kim, M. (2018) "An inquiry into the nature of service: a historical overview (part 1)", *Design Issues*, 34(2), pp.31-47

注2　小宮路雅博（2010）「サービスの諸特性とサービス取引の諸課題」『成城・経済研究』第187号、pp.149-178

注3　Manzini E, Vezzoli C. (2002) "Product - service systems and sustainability. Opportunities for sustainable solutions", United Nations Environment Programme, *Division of Technology Industry and Economics, Production and Consumption Branch*、CIR. IS Politecnco di Milano, ISBN: 92-807-2206-9, Milan

注4　Manzini E, Vezzoli C. (2002) "Product - service systems and sustainability. Opportunities for sustainable solutions", United Nations Environment Programme, *Division of Technology Industry and Economics, Production and Consumption Branch*, CIR. IS Politecnco di Milano, ISBN: 92-807-2206-9, Milan

注5　Tukker, Arnold. （2004） "Eight Types of Product-Service System: Eight Ways to Sustainability? Experiences from Suspronet", *Business Strategy and the Environment* 13, pp.246 - 260,10.1002/bse. 414.

注6　Vezzoli, Carlo & Ceschin, Fabrizio & Osanjo, Lilac & M'Rithaa, Mugendi & Moalosi, Richie& Nakazibwe, Venny & Diehl, Jan Carel (2018) *Sustainable Product-Service System* (S. PSS). 10.1007/978-3-319-70223-0_3.

注7　Moro, Suzana & Cauchick-Miguel, P & Mendes, Glauco （2020） "Product-service systems benefits and barriers: an overview of literature review papers", *International Journal of Industrial Engineering and Management*、11.10.24867/IJIEM-2020-1-253

注8　Yuanjie He （2015） "Acquisition pricing and remanufacturing decisions in a closed-loop supply chain", *International Journal of Production Economics*, Volume 163, pp.48-60, ISSN 0925-5273 https://doi. org/10.1016/j. ijpe. 2015.02.002.

注9　Ellen MacArthur Foundation （2017） "A new textiles economy: Redesigning fashion's future" http://www. ellenmacarthurfoundation. org/publications

注10　Stal, H I. & Jansson, J. （2017） "Sustainable consumption and value propositions: exploring product-service system practices among Swedish fashion firms", *Sustainable Development*, 25(6), pp.546-558 https://doi. org/10.1002/sd. 1677

注11　The Circular Toolbox All Resources https://www. thecirculartoolbox. com/all-resources

注12　WRAP retailer clothing take-back guide https://wrap.org.uk/resources/guide/retailer-clothing-take-back-guide

注13　Filippa K Circularity https://www. filippa-k. com/en/sustainability/circularity

注14　Reskinned https://www. reskinned. clothing/

注15　門倉建造（2002）「繊維リサイクルの現状と将来　日本故繊維産業の現状と課題」『繊維機械学会誌』55（2）、pp.71-78

注16　BBC News, "Fast fashion: The dumping ground for unwanted clothes", 8th October 2021 https://www. bbc. com/news/av/world-africa-58836618

注17　BRING、服の回収とリサイクル https://bring. org/pages/recycle

注18　例えば良品計画では自社製品に限定しているが、アルペングループではブランドを問わず回収している https://store.alpen-group.jp/campaign/group/alpen-green-project/recycle/

注19 良品計画・BRING
https://ryohin-keikaku. jp/csr/bring. html
注20 高島屋 デパート デ ループ News Release（2021年9月）
https://www.takashimaya.co.jp/base/corp/topics/210927a.pdf
注21 オンワード・グリーン・キャンペーン概要
https://www.onward.co.jp/green_campaign/information/index.html
注22 オンワード・グリーン・キャンペーン回収の流れ
https://www. onward. co. jp/green_campaign/outline/index. html
注23 オンワード・グリーン・キャンペーン環境・社会貢献活動
https://www. onward. co. jp/green_campaign/plan/index. html
注24 アーバンリサーチ・異業種協働による廃棄衣料のアップサイクル「Commpost」
https://www. urban-research. co. jp/special/commpost/
注25 Colourloop・Colour Recycle Network
https://colourloop-jp.com/our-team
注26 アダストリア：KIDSROBE
https://kidsrobe.jp/
注27 大丸松坂屋エコフリサイクルキャンペーン
https://dmdepart. jp/ecoff/campaign/
注28 大丸松坂屋エコフ
https://dmdepart. jp/ecoff/report/report_20210201. html
注29 https://bring.org/
注30 https://www.thecirculartoolbox.com/all-resources
注31 https://miro.com/ja/
注32 Making clothing from clothing - JEPLAN, INC. - Japan Environment PLANning
https://www. jeplan.co.jp/technology/fashion/
注33 Nike Grind (n. d.). Retrieved June 1st, 2021 from https://purpose. nike. com/nike-grind
注34 "Circularity Workbook: Guiding the Future of Design"［PDF］.(n. d.) . Retrieved June 1st, 2021 from
https://www. nikecirculardesign. com/guides/CircularityGuide. pdf
注35 MOVE TO ZERO (n. d). Retrieved June 1st, 2021 from
https://purpose. nike. com/climate-and-sport/#
注36 「気候変動に対するNIKEの姿について」（Oct 23,2019）Retrieved June 3, 2021 from
https://nike. jp/nikebiz/news/2019/10/23/2810/
注37 "Watch How Nike Refurbished Works"（Apr 12,2021）Retreieved June 1, 2021 from
https://news. nike. com/news/nike-refurbished-circularity-model
注38 "Recycling System 'Looop' Helps H&M Transform Unwanted Garments into New Fashion Favourites"
https://about.hm.com/news/general-news-2020/recycling-system--looop--helps-h-m-transform-
unwanted-garments-i.html
注39 "From old to new with Looop" | H&M GB
https://www2. hm. com/en_gb/life/culture/inside-h-m/meet-the-machine-turning-old-into-new. html
注40 "Recycling Revolution - inventing new ways to recycle textiles" - H&M Foundation
https://hmfoundation. com/project/recycling-revolution/
注41 "Green Machine - recycling blend textiles at scale" - H&M Foundation
https://hmfoundation. com/project/recycling-the-green-machine/
注42 "Miniaturized recycling machine to change consumer perception" - H&M Foundation
https://hmfoundation. com/project/recycling-mini-mill/
注43 "Planet First in partnership with HKRITA" - H&M Foundation
https://hmfoundation. com/project/planet-first/

注44 三輪和宏（2021）「【フランス】浪費に対する闘い及び循環経済に関する法律の制定」国立国会図書館 調査及び立法考査局『外国の立法』No. 287-2、pp.12-15

注45 "Mode In Textile" 26 AVRIL 2021
https://www.modeintextile.fr/weturn-1er-service-accompagne-maisons-fabricants-valorisation-de-leurs-invendus-textiles/

注46 LVMH ・ 2021年6月24日
https://www.lvmh.co.jp/%E3%83%8B%E3%83%A5%E3%83%BC%E3%82%B9%EF%BC%86%E8%B3%87%E6%96%99/%E3%83%8B%E3%83%A5%E3%83%BC%E3%82%B9/lvmh%E3%81%AF%E3%80%81weturn%E3%81%A8%E3%81%AE%E6%8F%90%E6%90%BA%E3%81%AB%E3%82%88%E3%82%8A%E3%80%81%E9%AB%98%E5%93%81%E8%B3%AA%E3%81%AA%E7%B9%8A%E7%B6%AD%E3%81%AE%E3%83%AA%E3%82%B5%E3%82%A4%E3%82%AF/

第6章

次世代ファッションデザイナーの
育成が始まっている

これまで

1人のスターデザイナーが「コレクションテーマ」として独創的な世界観を示すことや、一部の企業が売上需要予測を示すことによって、企業活動は位置づけられてきた。

これから

加速する技術開発や深刻化する環境問題を背景に、領域横断的でウェブ状につながるチームが「集合知的な物語」を示すことで、ありうる世界観に向けた企業活動が位置づけられるかもしれない。

6.1：持続可能な未来社会の生活者像をどう描き、
　　　伝えるか

　近年、「サイエンスフィクション」や「スペキュラティヴデザイン（問い自体を生み出すデザイン）」をビジネス業界でよく目にする。将来予測が不確実な社会において、SF的な想像力を用いて新規事業を発想しようとする動きだ。

　冒頭で著者はサステナブル・ファッションは未来ビジョンを、身体のみならず未来の社会をも対象にした物語として伝えることが重要になると述べた。だが地球規模の環境問題は、普遍的で唯一の解が存在せず、問題を1つ解決するとまた別の問題が起こり、1つの問題を順番に解決しようにも複数の問題が複雑に絡み合って一筋縄に解くことができない。いわゆる「意地悪な問題（Wicked problem）」[注1]である。

　他方、サイエンスフィクションやスペキュラティヴデザインは、問題を全く異なる角度から思索し、望ましい未来を検討する方法であり、問題設定そのものを捉え直し、複数のありうる現実や未来を思索するために存在する。

　そこで本章ではまず、イギリス・ロンドンを中心にスペキュラティヴデザインを応用したサステナブル・ファッションに関連する先進的教育プログラムを概観する。次に、デザイン領域における未来を志向するデザイン手法を整理した。

　「商品のよさ」に留まらず、「企業のパーパス（理念や存在意義）、ビジョンやミッション」に基づく持続可能な未来社会の生活者像をどう描き、伝えるか、その方法論を解説したい。

6.2：問い自体を生み出すことと、サステナビリティの
　　融合的教育

　未来への問い自体を生み出すこと、いわゆるスペキュラティヴデザインの概念を提唱したアンソニー・ダン（Anthony Dunne）とフィオナ・レイビー（Fiona Raby）によれば、未来は現在の延長線上にあるものではない。むしろ、私たちが「もしも○○なら？［what if…?］」という疑問に基づいて、現在から分岐した先に存在する、ありうるかもしれない未来のことだ。

　彼らは「スペキュラティヴ・デザインは、想像力を駆使して、「意地悪な問題」に対する新しい見方を切り開く。従来とは違うあり方について話し合ったり討論したりする場を生み出し、人々が自由自在に想像を巡らせられるように刺激する。」という[注2]。

　また「科学技術の分野やテクノロジー企業と 関わっていると、未来、特に“唯一の未来”といった考え方とよく出会う。（中略）私たちが興味を持っているのは未来の可能性を考えることである。未来の可能性を1つのツールとして用いることで、現在を深く理解し、人々の望む未来、そしてもちろん人々の望まない未来について話し合う」と。

　2022年現在、サステナブル・ファッションの領域においてスペキュラティヴデザインの方法論を応用した事例は多くはない。その中でも、フォーラム・フォー・ザ・フューチャーは、ロンドン芸術大学（以下、UAL）ロンドン・カレッジ・オブ・ファッション（以下、LCF）のセンター・フォー・サステナブル・ファッション（以下、CSF）とラウデス基金が協力のもと「Fashion Futures 2030（ファッションの未来2030）」というオープンソース学習キットを公開した[注3]。これは英国で開催された展覧会「Fashioned from Nature（ファッションド・フロム・ネイチャー）」と連動した企画である。2018年に制作され、企業の専門家や教育者、学生などの参加者に向けた4つの未来シナリオが用意されている。ワークショップ参加者は用意されたシナリオ

を前提として、未来の持続可能型ファッションのための長期的なデザイン、ビジネス、コミュニケーション戦略を開発できる。

　また、先進的な教育機関の取り組みには2019年開設のLCF修士課程コース「Fashion Futures（ファッション・フューチャーズ）」が挙げられる[注4]。このコースでは、持続可能性に重きをおいた次世代のファッション実践者の育成をめざし、自然を第一に考え、かつ経済的繁栄を生み出す新しいファッションシステムをデザインするための、実験的なファッションの実践と理論的視点を探求する。プロトタイプの対象も広く設定され、映画、デジタルプラットフォーム、衣服など、様々なメディアが推奨されている。CSFと強力に連携しており、各種リソース、イベント、リサーチ施設などへのアクセスも可能だ。このコースと半ば競合する形で、姉妹校であるUALのセントラル・セント・マーチンズ美術大学（以下、CSM）では2022年9月から修士課程コース「リジェネラティブ・デザイン（Regenerative Design）」を設立する[注5]。このコースは、以下の取り組みに携わる。

・生態系的アプローチ（A living systems approach）：地球のシステムとコミュニティの再生に役立つデザインを行うために、生態系思考とディープエコロジーの原則を実践に取り入れる方法を学ぶ。

・ハイブリッドで学際的な専門知識（Hybrid and interdisciplinary expertise）：コースのチームは、デザイナー／生態学者／文化人類学者で構成される。

・状況的学習（Situated learning）：コースはオンラインで開講され、「超ローカル」である。学生は自宅周辺の生物圏やコミュニティに入り込み、地域特有の再生的デザインプロジェクトを展開する。

・アクションリサーチ（Action research）：複数の種の思考を統合し、個別にローカライズしたアクションリサーチプロジェクトを通して、人間以外も含む世界のためのデザイン手法を学ぶ。

・倫理的及び包括的原則（Ethical and holistic principles）：生態系の

回復、先住民の知識、および地域社会と協力するための包括的なスキルに焦点を当てる。

（セントラル・セント・マーチンズ美術大学ウェブサイトより）

このコースはLVMHが協働して、持続可能なラグジュアリーを目指すCSMのプラットフォーム「Maison/0（メゾン／ゼロ）」[注6]のディレクターでもあるキャロル・コレットが創設し、教授として指導に携わる。CSMではジュエリー・テキスタイル・マテリアルプログラムの一部として修士課程「バイオデザイン（Biodesign）」もある[注7]。生態系のシステムや有機物・微生物を設計プロセスに組み込み、持続可能な材料をプロトタイプすることを目的としたコースだ。CSMにあるバイオラボ施設「グロウ・ラボ（Grow Lab）」との連携の元、技術的支援も受けられる。CSMでは以上のように、材料開発のスケールから飛び出し「持続可能な未来社会や人間像」を検討する専門的な大学院科目が存在している。そこではバイオ・ファッションデザイナーの草分けであるコレットが、包括的なエコシステムを対象としたイノベーションを、スペキュラティヴな教育活動を通して展開しようとしている。

6.3：未来を洞察する手法、未来を思索する手法

スペキュラティヴデザインに限らず、ビジネスや政策における長期ビジョン策定や新規事業創出において、未来洞察に関連する様々な手法や方法論がこれまでにも開発されてきた。例えば、「日本の長期ビジョン策定の在り方に関する調査研究」においては[注8]、

1： ナレーション法
未来について語り・記述することで主観的な将来像を提示する手法
2： シナリオ法

過去の歴史的トレンド又は事例に基づき、将来を予測する手法

3：デルファイ法

専門的知識を有する科学者、技術者などのパネルの意見のコンセンサスを形成する手法

4：フォーサイト法

社会計画や科学技術計画策定などのために、英国のサセックス大学のベン・マーティンらが発展させてきた手法

5：ロードマップ法

産業技術分野に関する計画などに焦点を絞ったフォーサイト手法

6：シミュレーション法

コンピュータモデルに基づくシミュレーションを実施する手法

7：その他の手法として想定に基づく計画法

があげられている。さらに、未来工学研究所が2020年に実施した「国・機関が実施している科学技術による将来予測に関する調査」の報告書[注9]によれば、定量的なデータに基づく未来予測の方法に加えて定性的な未来予測に関する方法も紹介されており、インタビューやロールプレイ、サイエンスフィクションなどが例として示されている。これら様々な手法も含め、サステナブル・ファッションのビジョン作成に関わるものとして、表6・1に代表例を挙げる。

　また、これらの手法と連動してデザイン学の領域において検討されてきたデザインの代表的なものも表6・2に紹介する。未だ顕在化していない問題を提起し、社会やシステム全体のデザインを再検討するための方法論と見ることもできよう。

　ファッションの領域において、これらのような未来洞察やデザインは全くされてこなかったわけではない。ファッション産業の「コレクション」という慣習上、デザイナーは常に半年後ないし1年後の未来を意識しながら衣服をデザ

表6·1　未来シナリオ作成に関連する代表的な手法

名称	手法に関連する人物・組織	内容
SF プロトタイピング法	ブライアン・デビッド・ジョンソン	ワークショップ参加者がアイディエーションのために用いる。現在の技術を背景としつつ、未来の人々が技術をどのように活用しているかを、短編小説等の形式で表現する
How Might We クエスチョン法	スタンフォード・デザインスクール Stanford d.school	ワークショップ参加者が、How might we ~? (私たちはどうすれば〜し得るか?)という形式に則り問いを形成する。主にアイディエーション準備のために用いられる
ホライゾンスキャニング法	ウィリアム・ゲイツ	未来の兆しやワイルドカードを捉え、PESTLE (Politics、Economy、Society、Technology、Legal、Environment)に大きな影響を及ぼす可能性を分析、評価することを目的とした方法
シナリオプランニング法	ハーマン・カーン	人口統計、地理、鉱物資源などの既知の事実と、軍事、政治、産業の動向やSTEEP分析結果を考慮した、組織が柔軟な長期計画を立てるために用いる戦略的計画手法
インパクトダイナミクス法 (強制発想法)	鷲田祐一	ユーザ視点の導入を目的として、縦軸と横軸の簡単な表に基づき、異質な要素を強制的に組み合わせてアイデアを創出する手法
SWOT分析法	エドモンド・ラーンド	有識者が未来シナリオを書く際に、その領域においての強み(Strength)、弱み(Weakness)、機会(Opportunity)、脅威(Threat)を分析する手法
PEST / PESTLE / STEEP分析法	マイケル・ポーター	有識者がアイディエーションの準備をする手法。政治・経済・社会・技術・法・環境それぞれの領域のトレンドを追っていくことで、遍く情報を収集する
不確実性の軸法	Future Today Institute (US)/ Government office for Science (UK)	政策分野など将来における重要な不確実性を定義し、シナリオ草稿に用いる。外的要因(制御不能な変化)と内的要因(制御可能な変化)をそれぞれの軸に用いて短文を作成する
バックキャスティング法	ジョン・ロビンソン	現在を未来に外挿しただけのステップではなく、未来の望ましい状態を想定し、その状態を達成するためのステップを逆算し定義する

表6·2　未来シナリオ作成に関連する代表的なデザインの研究領域

名称	提唱・主導する主要な人物	内容
デザイン・フィクション	ブルース・スターリング	有識者がシナリオを執筆し、物語世界内に出てくる人工物をデザイン、実際のプロトタイプを制作する
スペキュラティヴ・デザイン	アンソニー・ダン + フィオナ・レイビー	テクノロジーが創出する未来において起こりうる問題を、人工物を用いて提起する
トランジション・デザイン	テリー・アーウィン	より持続可能な未来に向けたデザイン主導の社会移行を提案するデザイン手法
リコンストレインド・デザイン	ジェームス・オージャー	サステナビリティに焦点を当て、制約を取り除くことを容易にするアプローチ。既存の力関係に疑問を投げかけ、具体的で望ましい共有の未来を描くオーダーメイドのソリューションを開発する
アドバーサリアル・デザイン	カール・ディサルボ	問題を喚起するためのデザインであり、政治的問題に関与するポリティカル・デザインの一種である
ディスカーシブ・デザイン	ブルース・ターブ	デザインをどう使うかという境界を広げ、モノが事実上、考えるための道具であることを示す
デザイン・シンキング	ティム・ブラウン	デザインプロセスの集合を表す用語であり、推論的、共創的、反復的な思考・実践
ストラテジック・デザイン	デビッド・クレランド	組織の革新性と競争力を高めるためのトレンドとデータの分析にもとづくデザインの戦略
システミック・デザイン	ビルガー・セヴァルドソン	システム思考と人間中心設計を統合し、デザイナーが複雑なデザインプロジェクトに対処できるようにする方法論
クリティカル・メイキング	マット・ラット	テクノロジーとの関わりにおける人工物を用いて、批評的考察を補完、拡張し、テクノロジーとの生活体験を社会的・概念的批評に再び結びつける

インしてきたし、それはある種の未来予測を伴ったデザインだった。

　しかし、ファッションシステム全体の持続可能性が叫ばれるなか、デザイナーの独創的な世界観を表現する以上に、衣服に関係する商習慣や文化そのものについての批評的検討が必要なのだ。

[注釈] URLの最終アクセス日は2022年2月7日

注1　意地悪な問題

1973年、デザイン理論家のホルスト・リッテル、都市計画家のメルヴィン・ウェバーが提唱する概念。背景にある因果関係が不明瞭で、原因の解明が複雑で困難な問題のことを指す

https://web.archive.org/web/20070930021510/http://www.uctc.net/mwebber/Rittel＋Webber＋Dilemmas＋General_Theory_of_Planning. pdf

注2　Dunne, A. , & Raby, F (2013) *Speculative everything: design, fiction, and social dreaming*, MIT press

注3　"Fashion Futures 2030"

https://www. fashionfutures2030. com/scenarios/home

注4　MA Fashion Futures in London College of Fashion, University of Arts London

https://www.arts.ac.uk/subjects/fashion-design/postgraduate/ma-fashion-futures-lcf#careers-and-alumni

注5　MA Regenerative Design in Central Saint Martins, University of Arts London

https://www.arts.ac.uk/subjects/textiles-and-materials/postgraduate/ma-regenerative-design-csm#course-summary

注6　Maison/0

https://www.lvmh.co.jp/lvmh%E3%82%B0%E3%83%AB%E3%83%BC%E3%83%97/lvmh%E3%82%B3%E3%83%9F%E3%83%83%E3%83%88%E3%83%A1%E3%83%B3%E3%83%88/%E7%A4%BE%E4%BC%9A%E8%B2%AC%E4%BB%BB%E3%81%A8%E7%92%B0%E5%A2%83%E8%B2%AC%E4%BB%BB/%E3%83%A1%E3%82%BE%E3%83%B30/

注7　MA Biodesign in Central Saint Martins, University of Arts London

https://www.arts.ac.uk/subjects/textiles-and-materials/postgraduate/ma-biodesign-csm#course-summary

注8　公益財団法人未来工学研究所（2011）「日本の長期ビジョン策定の在り方に関する調査研究」（一般財団法人新技術振興渡辺記念会委託調査）

http://www.ifeng.or.jp/wordpress/wp-content/uploads/2012/07/1afcf40ca1438115aadf6d34966ea3de. pdf

注9　国・機関が実施している科学技術による将来予測に関する調査報告書

https://www. mext. go. jp/content/20200520-mxt_chousei01-100000404_1. pdf

エピローグ
——消費社会の価値観を変えられるか？

そもそも「つくりすぎ、捨てすぎ」であることがファッション産業に突きつけられた課題である。だが、無買デー（Buy Nothing Day）のような活動こそが答えだとすると、社会経済活動を持続可能にするのは難しいかもしれない。自然環境のみならず社会経済活動も持続可能にするために、消費社会における価値観の移行に向けた製品やサービスをどうやって実現するか。本書はこの移行に向けたありうる可能性を検討し、その具体的な手法を紹介した。

微生物による生分解を前提に、「やがて再び素材に戻る」はずの衣服を感じることは可能か。「所有欲」ではなく、「所有感」としてデジタルデータとともに暮らすことは可能か。廃棄物再資源化のためのエコシステムは構築可能か。微生物、デジタルデータ、廃棄物を担う様々な設計要素と、それを扱う関係者が連携し、サステナブル・ファッションを構築することはできるのか。

ここではサステナブル・ファッション実現のためのいくつかの可能性の探求に留まったため、包装材の削減や修理サービスなど、本書で触れなかった漸進的改善要素も多々ある。とはいえ、目の前の実務に追われ続ければ、ありうる急進的変化が実現できなくなる。本書で示したのは限られた可能性ではあるが、本書が読者の皆様のありうる活動を具体的に検討、思索する一助となれば嬉しい。

なお、サステナブル・ファッションという領域は、喫緊の課題でありながらも人材育成のための教育・研究資料などが日本国内では十分整備されているとは言い難い。学生でも実務者でも、様々なオンライン翻訳ツールを駆使しつつ海外の資料や講座に参加し、常にデザインの方法や考え方をアップデートしていかないと、グローバル経済の中で取り残される危険性は高い。巻末になるが、オンライン講座とガイド＆ツールとして複数の資料を紹介する。

本書を最後まで読んでくださった皆様の次なる一手としてぜひご覧いただきたい。

┃ オンライン講座

大規模オンライン講座（Massive Open Online Course, MOOC）は、学歴や性別、年齢などに関係なく、できる限り多くの人がオンラインで質の高い講義を受けられることを目的に開発された教育プラットフォームの総称である。2022年現在、キャンパス・ネットワーク、コグニティブ・クラス、コーセラやUdemyなど数多くのMOOCプラットフォームがあり、無償の講義も数多く存在する。その中でもフューチャー・ラーンとedXにおいて、本書の内容と関連する講座のうち有用だと思われるものを選定し、以下に紹介する。

● 香港理工大学 / フューチャー・ラーン

ファッションとテキスタイルにおける未来のトレンド
Future Trends of Fashion and Textiles
｜コース期間：6週間｜学習量：週2〜6時間｜難易度：低｜費用：無料｜

ファッション・サプライチェーンにおける様々なセクターがどのように課題に取り組んでいるかを理解する初学者向け講座。サステナブル・ファッションに関しては、持続可能な生産を実現するために革新的な技術採用の難しさを理解しつつ、実店舗、バーチャル店舗、無人店舗などの実現性を通してビジネス戦略にSDGsをどのように組み込むことができるかを理解する。また、テクノロジーに関しては製品トレーサビリティー技術の俯瞰的な整理、リサイクル技術を導入した服から服への持続可能なビジネスモデルの分析、製品製造におけるロボットの導入の影響と限界を理解する。

● ファッション・レボリューション / フューチャー・ラーン

ファッションの未来：SDGs
Fashion's Future: The Sustainable Development Goals
｜コース期間：4週間｜学習量：週3時間｜難易度：低｜費用：無料｜

ファッションとSDGsの関連性を探るコース。自分のワードローブを通して持続可能な開発目標の達成に貢献するための新しい知識やアイデアを得るこ

とができる。

このコースでは、まず服がどのようにつくられているか、そしてファッション業界が社会や環境に与える影響を知り、持続可能なファッションとは何か、ファッション業界に変革が必要な理由は何かを理解する。また、SDGsとは何か、グローバルファッション・サプライチェーンの改善がどのように密接に関連しているかを学ぶ。具体的には貧困、男女不平等、強制労働、児童労働、その他の労働や人権侵害、地球温暖化、海洋におけるマイクロプラスチック汚染、森林や生物多様性の損失などの問題を分析し、衣服が地球の健康や生態系にどのような影響を与えているかを探る。

●ケリング＋ロンドン芸術大学 / フューチャー・ラーン

ファッションとサステナビリティ：変化する世界におけるラグジュアリーファッションを理解する

Fashion and Sustainability: Understanding Luxury Fashion in a Changing World

｜コース期間：6週間｜学習量：週3時間｜難易度：低～中｜費用：無料｜

本コースでは、ラグジュアリーファッションと持続可能性に関する多様な論点を学ぶことができる。プラネタリーバウンダリー（地球の限界）やファッション業界における消費問題、習慣の問題、ファストファッションの産業構造からの脱却などが対象となる。また、ラグジュアリーブランドにおける差別化要因には、美的、機能的、経済的、環境的、社会的な配慮が必要であり、素材調達における社会的・環境的配慮についてのケーススタディやサプライチェーンのあり方についても学ぶことができる。最終週には、持続可能なファッションに関するマニフェストを受講生各自がまとめ、発表することが求められるという未来志向型の講座になっている。

●ワーヘニンゲン大学 / edX

サーキュラーファッション：サステナブルなファッション産業におけるデザイン、科学、価値
Circular Fashion: Design, Science and Value in a Sustainable Clothing Industry

｜コース期間：5週間｜学習量：週8〜12時間｜難易度：中｜費用：無料｜

学術界と実務界から約30名の専門家が参加し、サーキュラー・ファッションを包括的に紹介し、諸課題について学べる。コースを修了すれば、ファッション業界におけるサーキュラー・エコノミーの理解を深めるための主要な概念とツールを理解することができる。具体的には、リサイクルにおける課題、循環系構築、バイオ素材を用いたテキスタイル開発、イノベーションを市場に導入するためのサーキュラー・ビジネスモデルなどを取り上げている。

●アンスティチュ・フランセ モード（IFM）/ フューチャー・ラーン

ファッションマネジメント・サステナブルブランドをつくってみる
Fashion Management: Create Your Own Sustainable Brand

｜コース期間：11週間（毎週4時間）｜学習量：不明｜難易度：中〜高｜費用：1ヶ月あたり39ドル｜

プロフェッショナルなファッションマーケティングとブランディングのスキルを身につけることを目的に、主要なファッションブランドのケーススタディを通してファッション業界の構造を学ぶ。現代のファッションビジネスがどのように運営されているかを理解するために、歴史的・人類学的観点、ビジネスモデル、消費者行動の理解をふまえ、ファッションと製品開発における持続可能性をめぐる問題を探る。最終的には、ファッションコレクションや製品に関する企画、開発、提供プロセスの理解を深め、起業家精神とサステナブル・ファッションの2つの領域を架橋することを目指す。

┃ガイド＆ツール

サステナブル・ファッションの実現に関する具体的なガイドやツールは、先述のように多数存在している。ビジネス、デザイン、テクノロジーと領域を跨ぎつつ、EUのような国際的枠組みからNPO、研究組織や企業、研究者などガイドやツールを発表した主体も様々ある。具体的なものから抽象的なものまで内容も幅広い。ここでは以下、2つの組織から無償で発表されたガイドとツールを紹介する。先に紹介するものが初級、後に紹介するものが中級の内容に該当する。

●グローバル・ファッション・アジェンダ／

Global Fashion Agenda

グローバル・ファッション・アジェンダ（GFA）は、戦略的パートナーであるH＆Mやケリング、マッキンゼーなどの企業とのパートナーシップにより、ファッション業界のより持続可能な未来を検討するNPO団体である。ファッション業界における持続可能性の状況と発展を測定するレポート各種を毎年発表し、必要な変化を促す支援策を積極的に提案している。本書5章でもすでに紹介したように、サステナブル・ファッションのためのツールボックス（表5・3）もGFAは毎年アップデートしつつ発表しており、ここでは以下に、すでに紹介したもの以外の3つの衣料品回収のためのツールボックスについて紹介する。

1：サーキュラーデザインツールボックス
Circular Design Toolbox（ver. 3.0）

おすすめ：サーキュラーエコノミーの導入を考える
初学者のファッション産業関係者

このツールボックスは、ファッション企業がサーキュラーデザインを検討する際の出発点であり、企業内の主要部門（経営、デザイン、マーケティング

など）に刺激を与え、サーキュラー・ファッション・システムの構築においてデザインが果たす役割への理解を深めることを目的とする。製品開発を通してシステムの循環を検討し、最終的に衣服のライフサイクルを再定義する方法を見つけるため、様々な資料やガイドが掲載されている。

ツールボックスは6セクションで構成されている。

1）　情報：サーキュラーデザインの役割を紹介し、行動を起こすための呼びかけをまとめる

2）　サーキュラーデザイン戦略の策定：戦略的優位性を探り、目標値の設定方法を概説する

3）　サーキュラーデザイン：様々なアプローチを掘り下げる

4）　循環型製品のマーケティング：ラベリングとマーケティングの役割を検討する

5）　サーキュラー製品とプロセスの評価：サーキュラーデザインの成功を評価し、改善策を見出すためのヒントを提供する

6）　進むべき道：サーキュラーデザインの阻害要因を検討する

2：リセールツールボックス
Resale Toolbox（ver. 3.0）

**おすすめ：サーキュラーエコノミーとして、
リセール事業の導入を考える初学者のファッション産業関係者**

環境負荷を軽減し、天然資源への需要を抑制するには、閉鎖循環系の中で製品のライフサイクルを再定義することが重要である。このツールボックスはライフサイクルのデザインのための資料やガイドを紹介する。回収システムの構築、サーキュラーデザインの導入、使用済み製品の管理方法の検討を通して、再販、リサイクル、繊維リサイクルなどの方法を紹介する。

3：テキスタイルリサイクルツールボックス
Textile Recycling Toolbox（ver. 3.0）

**おすすめ：サーキュラーエコノミーとして、繊維リサイクルの
理解を深めたい初学者のファッション産業関係者**

循環型社会の実現には、再利用、長寿命化、リサイクルなどが必要である。繊維リサイクルには経済的、技術的、論理的に有利な事業に変えるべく、消費者から回収した繊維をリサイクルしてつくられた衣料品の割合を増やすための現実的なシステムやビジネスモデルの策定が必須となる。このツールボックスでは、繊維リサイクルの割合を増やそうとする企業に向け、使用後の衣料品や靴を再度生産に使用するための再生繊維化に特化した方法を提供する。具体的には合成繊維と天然繊維の異なるリサイクル方法（ケミカル、メカニカルなど）を理解し、化学的処理に基づく再フィラメント化や切断・破砕による再生繊維化などについて解説する。

●米国ファッションデザイナーズ協会　CFDA

米国ファッションデザイナーズ協会（CFDA）は1962年に設立された非営利の業界団体である。2021年現在、米国の婦人服、紳士服、ジュエリー、アクセサリーデザイナー 400名超の会員が所属する。CFDAでは、教育と実務の観点からの持続可能性に関する活動の一環として、丁寧にまとめられた資料、特にファッションデザインとビジネスの持続可能性に特化した資料「サステナビリティリソース＆ツール（Sustainability Resources & Tools）」が無償で提供されている。2021年現在公式サイト上で公開されているのは、CFDAではガイド、マテリアルインデックス、ツールキット、KPIデザインキットの4種類となる。

1：マテリアルインデックス
Materials Index

**おすすめ：サステナブル・ファッションとして
製品開発をしたいと考える初学者**

A-Zと辞書のように編纂され、各マテリアルの解説を読むことができる。また、本サイトには「サステナビリティ A-Zリソース」も存在し、CFDAが様々な資料で紹介した組織や団体、認証制度、ブランド、書籍などが列挙されている。

2：サステナブル戦略のためのガイド
Guide to Sustainable Strategies

**おすすめ：サステナブル・ファッションについて
一定程度の理解があるファッション企業関係者**

サスナナブル・ファッションのためのハウツー提供を目的としており、誰もが利用できる明確で理解可能な資源と、単純化された行動が記載されている。無償であるにも関わらず233ページと充実しており、持続可能性とは何か、ビジネスケース、企業の持続可能性のための戦略、持続可能性のためのデザイン、人材、素材、素材加工と製造、貴金属や靴、持続可能な建物やオフィス、パッケージ、流通、ユーザのケアと修理、再利用やリサイクル、イベント、マーケティング戦略などの項目に沿って解説されている。さらに、各項目には推奨資料リンクがあり、リンク先に選定されたものはCEO向けガイド、研究や報告書、記事や書籍から、戦略を一緒に検討してくれるコンサルティング企業や認証団体、NPO、環境配慮型素材リストを公開する組織など、実に幅広い。

3：サステナブル戦略ツールキット
Sustainable Strategies Toolkit

**おすすめ：サステナブル・ファッションについて一定程度の
理解があり、かつ実務に応用したいファッション企業関係者**

このツールキットは企業文化に持続可能性を取り入れるための実践的情報と、ビジネス戦略を構築するための演習課題などを組み合わせた内容である。持続可能性に関する戦略をビジネス全体の目標と整合性をとり、かつ魅力的なものにするために、バリューチェーン全体のコラボレーションやステークホルダーへの発信なども含め検討すること、そして持続可能性に関する様々な要因に優先順位をつけブランドの価値観を反映した具体的な計画策定が重要となる。ツールキットの多くはワークショップ演習用資料であり、持続可能性に関する企業活動をなぜ、どのようにして展開するかが整理できる。

4：KPIデザインキット：測定可能な変化のための
　　持続可能な戦略開発プレイブック
KPI Design Kit: A Sustainable Strategies Playbook
for Measurable Change

**おすすめ：サステナブル・ファッションについて一定程度の理解があり、
かつ実務に応用したいファッション企業関係者と、初学者**

2019年、ニューヨーク大学スターン・スクールの持続可能なビジネスに関するMBAコースがCFDAと連携し、販売からサプライチェーンまでの特定分野における業界の主要課題に取り組むための中小企業を対象としたKPIガイドの開発を行った。中小企業内には、持続可能性に関する専門家や研究開発予算がないことが多い。このような事業所の実情を考慮し、持続可能性と財務に関する包括的KPIを提供することがこのキットの目的である。この資料では、戦術的な観点から明確で具体的なステップを示すべく、上述の戦略ガイドの15のトピックのうち9つを抽出し、既存のリソースの原則に沿って段階的な提言をしている。具体的には人材・企業とコミュニティ、素

材加工と製造、企業の持続可能な戦略策定、持続可能な建物やオフィス、素材、持続可能性のためのデザイン、再利用やリサイクル、パッケージ、流通に分類され、各段階において設定すべきKPIについて初級、中級、上級と検討事項が整理されている。

例えば、人材、企業とコミュニティの項目においては以下のような項目が挙げられている：

初級

――ポリシー、給与体系、福利厚生の作成、文書化、配布。変更点を記録し、期限付きの目標を設定する。

――コミュニティレベルの外部性を検討する。年度末までに負の外部性を何％削減するという目標を設定する。

――従業員の満足度を測定し、組織内にフィードバックループが存在することを確認する。

中級

――採用活動において多様性対策を実施し、社会的マイノリティの数を追跡する。

――ボランティアプログラムの実施、イベントの開催、ブランド認知度の長期的な変化を測定する（アンケート調査など）。

――インターン全員に給与を支給する。

――ダイバーシティ＆インクルージョンのトレーニングプログラムを毎年実施する。

上級

――上級管理職に占める女性や社会的マイノリティの割合を何％にするか、業務フローに比例した目標を設定する。

――現地調達方針／現地採用方針の策定と実施。

● ガイド＆ツール：サービスデザインツールズ／

Service Design Tools

サービスデザインツールズはサービスデザイン分野の重要なリソースとなっており、世界中の学生、実務家、専門家がサービスデザインのツールやテクニックを発見できるよう運営されてきた。これまで複数回更新してきたが、2020年からはミラノ工科大学サービスデザイン修士課程およびサービスイノベーションアカデミーとの共同研究プロジェクトになっている。サステナブル・ファッションに直結した内容ではないが、脱物質化としてサービスデザインの実施を検討したい人にとって有益だろう。

1：ツール

おすすめ：サステナブル・ファッションについて一定程度の
理解があり、かつサービス開発を検討している
ファッション企業関係者

サービスのデザインを実現するためのツールは多数あり、WHEN, WHO, WHAT, HOW の4種類に大別される。WHEN では「デザインプロセスのとの段階にいるのか」を調査段階、アイデア出し段階、試作段階、実施段階（と評価段階）に、WHO では「デザインプロセスにおいて誰とコラボするのか」を専門家、利害関係者、サービススタッフ、ユーザに、WHAT では「サービスのとの側面について検討しているのか」を文脈、システム、経験、提供価値に、そして HOW では「とのようにしてサービスを伝えたいのか」を文字、マップ、物語、シミュレーションに分類している。ウェブサイト下部にある多数のツールは、デフォルトの状態だと37種が均等に配置されているだけだが、分類項目をクリックすると該当するツールのみが表示される仕組みとなっている。該当するツールのうちから最適なものを仮に選定すると、そのツールが何なのか、何ができるのか、注意点は何か、関連するツールはどれか、といった詳細情報を閲覧できる。

2：チュートリアル

**おすすめ：サステナブル・ファッションについて一定程度の
理解があり、かつサービス開発を検討しているファッション
企業関係者**

チュートリアルではテーマ型と基本型のガイドが2021年現在7つ確認される。
「どのようにサービスのコンセプトを検証できるか」や「現状のサービス体験を
どのように向上できるか」といったガイドをクリックすると、各段階ですべきこと
と使えるツールが紹介される。例えば、現状のサービス体験の向上において
は01：現状のサービス分析、02：サービスの構造分析、03：ビジョン形成
のための目標設定、04：アイデア、解決案の探索、05：もっとも効果的なコン
セプトの特定、と5段階に分けて適切なツールが紹介されている。

3：リソース

**おすすめ：サステナブル・ファッションについて一定程度の
理解があり、かつサービス開発を検討しているファッション
企業関係者**

リソースでは、複数の有識者によるプレゼンテーション資料（YouTubeと
Slideshare）を閲覧することができる。参考書籍や論文のリストも少数だが
リスト化され、さらに、関連する他ウェブサイトや学会、雑誌などもリスト化
されている。

┃謝辞

　本書は水野大二郎先生とSynflux株式会社のメンバーによる共同作業によって編まれた。教員と学生という区別を超え、プロジェクトを協働する関係性を持たせていただいていることはなかなか得難い機会だと思っている。本書の企画を持ちかけてくださり、編集と執筆をリードいただいた水野先生にまず御礼を申し上げたい。

　Synfluxは2019年に慶應義塾大学SFC水野研究室出身メンバーによって創業されて以降、本書の主題でもあるサステナブル・ファッションについての事業を推進してきた。今では、多様な社員や協力者の存在によって会社が成り立っている。そして、彼・彼女らの手によって作り上げられきたプロジェクトを本書に多く掲載した。主要メンバーである岡本空己氏、藤嶋陽子氏、奥間迅氏、小林篤矢氏、いつも活動をご一緒している堀川淳一郎氏、藤平祐輔氏、吉川高志氏、大穀英雄氏には日頃の継続的な制作に対して尊敬と感謝を申し上げたい。また、株主の中島真氏、鈴木達哉氏、SFCファンドの皆様、桂大介氏（寄付）、コラボレーターであるHATRAの長見佳祐氏、ロビン・リンチ氏、津久井五月氏、岸裕真氏にもこれまでのご協力に感謝したい。

　本書の独自性の1つである未来シナリオの可視化にあたってはSynflux奥間のディレクションのもと山田織部氏に参加いただき、サービス可視化にあたっては村尾雄太氏に協力をいただいた。淺田史音氏には、編集や執筆全体に対して協力や助言をいただいた。そして、学芸出版社の井口夏実さまには、実務と執筆の両立に苦しむ筆者を粘り強く鼓舞いただいた。感謝申し上げる。

　Synfluxはサステナブル・ファッションを実装する役目を負っている。実践を言葉にすることは楽しく、難しい。しかし、本書を読み、実践に向かいたいと感じる

人が少しでも増えることを期待して執筆に取り組んだ。ファッションと人類の未来のために行動を起こしたいと思った読者が1人でもいれば幸いである。

2022年7月

Synflux

▎謝辞

　字義通り寝食をともにした川崎君や佐野君、平田君とは、慶應義塾大学SFC水野大二郎研究会有志として様々な経験を共にした。実験的なデザイン教育や研究にも旺盛な好奇心を持って取り組んでくれたSynfluxの皆様に、改めて御礼申し上げたい。

　水野は2019年4月に京都に転居し、それまで続けていた研究活動は別の方法で続けることとなった。その1つとして、株式会社ワコール人間科学研究開発センターと京都工芸繊維大学KYOTO Design Labとの共同研究があり、業務委託という形ながらもSynfluxとのコラボレーションが可能となった。人間科学研究開発センターの皆様からは実験的な研究を推進する機会を頂戴した。この共同研究によって本書の内容が充実したのは間違いなく、人間科学研究開発センター長の今井浩様をご紹介くださった京都大学の塩瀬隆之先生も含め、皆様に感謝申し上げたい。

　本書の執筆にあたっては、京都女子大学の成実弘至先生や、京都精華大学の蘆田裕史先生には多くの助言をこれまでいただいた。また峯村昇吾様からはすばらしい繊維産業の循環系に関するダイアグラムをご提供いただいた。経済産業省商務・サービスグループファッション政策室クールジャパン政策課の皆様や「ファッション未来研究会」の副座長の福田稔様、軍地彩弓様、そして研究会委員の皆様には多くの示唆をいただいた。そして最後になるが、本書の企画は学芸出版社の井口夏実様からの提案である。『サーキュラーデザイン』（2022）に続き、このような機会をいただけたことに感謝いたします。

2022年7月
水野大二郎

編著者紹介

水野大二郎（みずの だいじろう） 担当：プロローグ、1章、5章、エピローグ
1979年生まれ。京都工芸繊維大学未来デザイン・工学機構教授、慶應義塾大学大学院特別招聘教授。ロイヤルカレッジ・オブ・アート博士課程後期修了、芸術博士（ファッションデザイン）。デザインと社会を架橋する実践的研究と批評を行う。監訳に『クリティカル・デザインとはなにか？問いと物語を構築するためのデザイン理論入門』、著書に『サーキューラー・デザイン』『クリティカルワード・ファッションスタディーズ』『インクルーシブデザイン』『リアル・アノニマスデザイン』（いずれも共著）、編著に『vanitas』等

Synflux（シンフラックス）
先端的なテクノロジーを駆使し、惑星のためのファッションをつくるスペキュラティヴ・デザインラボラトリー。あらゆる人が惑星や自然への配慮を持ちながら、活き活きとした個人として自分なりの創造性を発露できる循環型創造社会の実現を目指し、次代のファッションをつくりだす思索的デザイン集団として活動している。
主な受賞に、H&M財団グローバルチェンジアワード特別賞、WIRED CREATIVE HACK AWARDなど。

川崎和也（かわさき かずや） 担当：2章、3章、4章1・2、6章、未来シナリオ
スペキュラティヴ・ファッションデザイナー／デザインリサーチャー／Synflux株式会社代表取締役CEO。1991年生まれ。慶應義塾大学大学院政策・メディア研究科エクスデザインプログラム修士課程修了（デザイン）。身体や衣服、素材にまつわる思索的な創造性を探求している。監修・編著書に『SPECULATIONS』、共著に『クリティカル・ワード ファッションスタディーズ』がある。

佐野虎太郎（さの こたろう） 担当：2章2、3章2、6章、未来シナリオ
1998年生まれ。スペキュラティヴファッションデザイナー、Synflux株式会社取締役CDO。コンピュテーショナル・デザイン、バイオデザインを応用した新しい衣服の設計手法を思索する研究開発を行う。近年はアルゴリズミックデザインの専門家らと協働し、微分幾何学や進化型アルゴリズムの考え方を応用して身体や環境に最適化する衣服の設計手法の開発に注力している。

平田英子（ひらた はなこ） 担当：4章3・4・5、5章
慶應義塾大学卒業。ライター、リサーチャー。2020年6月よりSynflux参加。『ファッションスタディーズ』、「Fashion Tech News」への寄稿のほか、翻訳に「シャネルとそのライバルたち」（ヴァレリー・スティールの講演、『ユリイカ』2021年7月号〈特集=ココ・シャネル〉）などがある。

編集協力　淺田史音・藤嶋陽子（Synflux）

カバー写真撮影　田巻海

未来シナリオ図版　アートディレクション：奥間迅（Synflux）、デザイン：山田織部・奥間迅（Synflux）

5章ステークホルダー・マップデザイン　村尾雄太

サステナブル・ファッション
—ありうるかもしれない未来

2022年9月20日　第1版第1刷発行

著者　　　　水野大二郎・Synflux

発行者　　　井口夏実
発行所　　　株式会社学芸出版社
　　　　　　〒600-8216　京都市下京区木津屋橋通西洞院東入
　　　　　　tel 075-343-0811
　　　　　　http://www.gakugei-pub.jp/
　　　　　　E-mail: info@gakugei-pub.jp

編集　　　　井口夏実

デザイン　　UMA/design farm（原田祐馬・山副佳祐・大隅葉月）
印刷・製本　モリモト印刷

〈好評発売中〉

「サーキュラーデザイン ― 持続可能な社会をつくる製品・サービス・ビジネス」
水野大二郎・津田和俊 著、A5判・240頁・本体2800円＋税

地球環境の持続可能性が危機にある現在、経済活動のあらゆる段階でモノやエネルギー消費を低減する「新しい物質循環」の構築が急がれる。本書は 1)サーキュラーデザイン理論に至る歴史的変遷 2)衣食住が抱える課題と取組み・認証・基準 3)実践例 4)実践の為のガイドとツールを紹介する。個人・企業・組織が行動に移るための手引書。

「サーキュラーエコノミー実践 ― オランダに探るビジネスモデル」
安居昭博 著、四六判・256頁・本体2400円＋税

デジタルテクノロジー、インフラ、建築、フード、アパレル等、官民一体で先進的サーキュラーエコノミーへ移行するオランダ。廃棄を出さない仕組みづくりは、経済効果創出・環境負荷軽減・リスク管理等を同時に達成する手法として世界の注目を集める。欧州5年間と国内での調査による日蘭17事例で見えてきた、大きなビジネスチャンス。

「インクルーシブデザイン ― 社会の課題を解決する参加型デザイン」
ジュリア・カセム・平井康之・塩瀬隆之・森下静香 編著、A5判・200頁・本体2300円＋税

インクルーシブデザインとは、子ども、高齢者、障がい者など、特別なニーズを持つユーザーをデザインプロセスに巻き込み、課題の気づきからアイデアを形にし普遍的なデザインを導く。英国発の概念から日本での実践まで、社会的課題を解決する参加型デザインの方法論。誰かのためのデザインから、誰もが参加できるデザインへ。

「リアル・アノニマスデザイン ― ネットワーク時代の建築・デザイン・メディア」
藤村龍至・岡田栄造・山崎泰寛 編著・水野大二郎ほか著、四六判・256頁・本体2200円＋税

物と情報は溢れ、誰もがネットで自由に表現できる現在、建築家やデザイナーが「つくるべき」物とは何か。個性際立つ芸術作品?日常に馴染んだ実用品?その両方を同時に成し遂げたとされる20世紀の作家・柳宗理の言葉"アノニマスデザイン"を出発点に、32人のクリエイターが解釈を重ね、デザインの今日的役割を炙り出す。